巴黎丽兹酒店
首席糕点师经典配方

【法】弗朗索瓦·佩雷　著

【法】贝尔纳·温克尔曼　摄影

张弦弛　译

中国轻工业出版社

推荐序

颗蛋白霜，一例点心，抑或是一块饼干……只要是出自弗朗索瓦·佩雷之手的甜品，您的鼻尖就先会被萦绕四周的香味召唤，吸引您的还有如徐徐微风般的清新之感，能将甜品做到如此境界实属罕见。他的甜品同时兼备的，还有奶油的色泽、令人垂涎的品相、蛋糕的配料抑或是所搭配的装点物。他的经典作品让人最为印象深刻是它们的优雅与浓厚感。这些甜点分量十足，具有我们并不常看到的尺寸。在人们目光所及之时，食欲便蔓延开来。

分享可以使快乐倍增。当28岁的弗朗索瓦·佩雷与我会合，加入兰卡斯特酒店第一次担任主厨时，便显露出这种慷慨的风格。同时，他也是位卓越不凡的技艺大师。甜品制作有着我们厨师所不熟知的操作过程，这里并不是指甜品的制作过程非常独特，而是指它制作过程的灵活性。在甜点界，制作过程中一个非常重要的环节就是及时找到成品不完美之处的补救方案。这就是为什么我们如此互补。甜点师追求极致的工作态度促使厨师也不断提高对自己的要求，并不断创造出令人惊叹的菜品造型。"如果你想烹饪一手好菜，先去做甜点吧。"米歇尔·杰拉德如是说。而厨师，又给甜点师带来了从这种对技术的痴迷中解脱出来的自由，为他们的敏感度与情感留出空间，从而表达自我。我认识一些甜点师，他们从不品尝自己的成果，他们唯一想要去做的就是完成一件视觉作品。从这个意义上说，我认为我与弗朗索瓦·佩雷的相识是具有决定性的一步。这使他能够在这种对味觉、对情感的追求中不断自洽，达到今日的成就。例如，他的玛德莲蛋糕，有着一种令人难以置信的轻盈与精妙。云朵或蜂蜜的加入也给这道甜品赋予了一丝奇妙的苦味，如此罕见并且并不家常的味道，却非常受欢迎。这是一种具有完美平衡的满足感。为了使我们的味蕾获得最大的幸福，新一代甜品师们进行着他们关于糖的革命，弗朗索瓦·佩雷也是其中一员。他的甜品与那些让我们的味觉感到沉重、饱和甚至疲惫的使用卡仕达奶油、黄油奶油的甜品不同。这些甜品有着令人意想不到的美味，每品尝一口，我们都想再多吃一点，还会想着下一次再来。所有真正的创造者都有着他们独特的方式去捕捉和沉浸于周围的世界中，弗朗索瓦·佩雷也如此。他的甜点讲述着真诚的故事，告诉我们它是谁。在母亲的厨房里飘浮着的甜挞的香气，一幅画中的风景，一首感动过他的音乐……无论是以直接还是间接的方式，这些生活的小片段都会浮现在我们眼前。就这样，我们仿佛登上了他的小船蛋糕（简直是美味炸弹），徜徉于他想象的海洋中。

——米歇尔·特鲁瓦格洛

推荐序

弗朗索瓦·佩雷

他从万物中获得灵感，从万事中感受喜悦：一朵花蕊、一件精雕细琢的门把手、一缕蜂蜜散发的微光……"一个甜品应该创造出一种渴望，它的美味无法复刻又让人记忆深刻。"说话间，他微笑着，带着丘比特一般无邪却又调皮的微笑，仿佛已经准备好让你向美味臣服。

弗朗索瓦·佩雷和甜点之间，有着一段充满情感而又令人沉醉的故事。儿时初次的感动，让佩雷着迷：热闹的家庭聚餐上，唯有甜点时间能使所有的谈天说地都暂停。在顽皮孩子热爱美食的眼睛里，这真是极具魅力的时刻，人们心满意足地品尝着，餐桌上的喧嚣也瞬间变得安静。因为这种魔法，他立志成为甜点学徒。16岁时，佩雷任职于他的故乡布尔昂布雷斯的一家小甜点店。离开那之后，他又来到格勒诺布尔的一家巧克力店开始入门学习。在快速地发掘出自己的天赋和才能后，他向着巴黎起航，踏上了自己的摘星之路。从莫里斯酒店到乔治五世酒店再到兰卡斯特酒店，他在米歇尔·特罗瓦格罗麾下首次获得了主厨身份，并参与了香格里拉酒店餐厅的创办——这一切都将他逐步引领至丽兹酒店。2015年春天，丽兹酒店重新装修，准备重新向顾客敞开大门，当然，也包括对弗朗索瓦·佩雷。整整一年的时间，他为这份甜蜜的邀约不断精益求精，因为它不仅罕见奢华，更预示着旺多姆广场这处神秘地点即将焕发新的生机。整个青少年时代的积累使得佩雷的技艺越发精湛。36岁时，他终于踏进了梦想的殿堂。2016年6月，随着旋转门的启动，整个巴黎都惊艳于他的粉末泡芙、伶俐软心蛋糕，他所烘焙的千层酥更是香酥诱人……

自此，这位有着迷人巧克力色瞳孔的热血沸腾的年轻人，以他无限的精力重新制定了一份菜单。这份菜单，还巧妙地结合了尼古拉·萨乐的经典食谱。自从在莫里斯酒店相识后，这两位烘焙与料理界重量级人物便结下了深厚的友谊，并分别夺得了"2017年最佳甜品师"和"最佳主厨"称号。这两份荣耀如同在乐章中加入的高音，振动了《米其林红色指南》敏锐的听觉：丽兹酒店的剑鱼餐厅（La Table de L'Espadon）[1]摘得了二星，剑鱼花园（Le Jardin de L'Espadon）[2]被赋予一星。可以说，弗朗索瓦的甜点和尼古拉的菜肴相得益彰，同时都带着一种令人惊喜的创造性。显而易见，弗朗索瓦·佩雷不是那种被单一形式束缚的面包房小伙计，他是一个具有主厨素养的甜点师。他制作的甜点精致、小巧、与众不同。其作品恰好的甜蜜（juste sucre）便带有其强烈的个人风格。他对食材的选择和搭配十分严谨，总是做到无比细微和精准，甜品的口味因此得到了升华。他从不给味蕾过于饱和的感受。他大胆地给甜品增加酸味或苦味，总是试图从中寻得一个完美的融合点，来触动你的神经、唤醒你的愉悦。

玛丽-凯瑟琳·德·拉·罗施

注释

① 丽兹酒店的剑鱼餐厅（Le Jardin de L'Espadon）提供午餐，菜肴由主厨尼古拉斯·赛尔主理，甜点由弗朗索瓦·佩雷主理。

② 丽兹酒店的剑鱼花园（La table de l'Espadon）提供晚餐，菜肴由主厨尼古拉斯·赛尔主理，甜点由弗朗索瓦·佩雷主理。

目录

CESAR RITZ
1850 – 1918

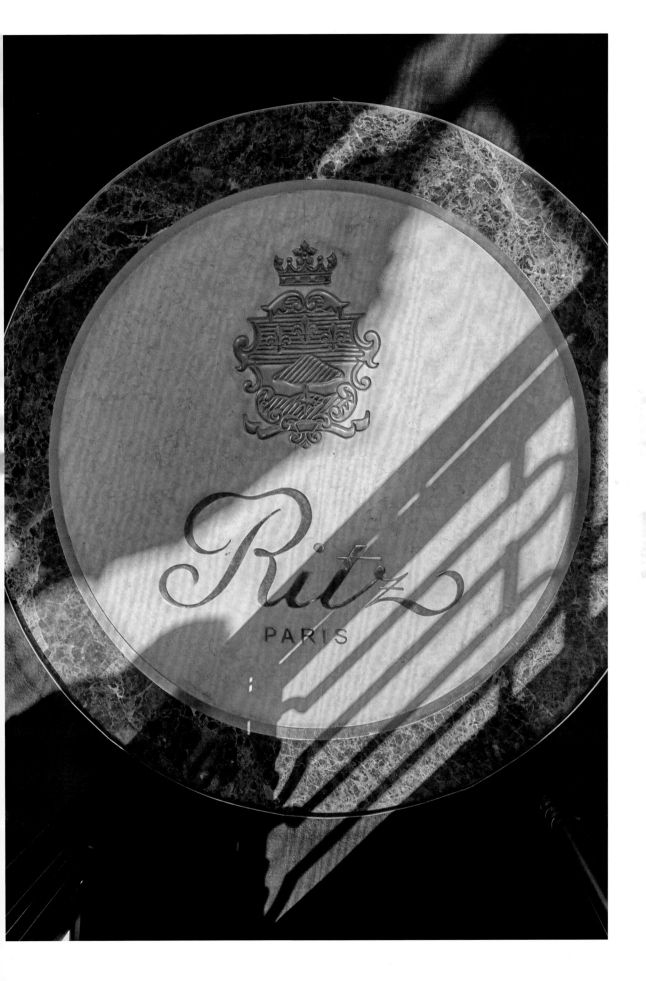

在一个地方度过一段时光，
用一段时光铭记一个地方。

在剑鱼花园，水果与蔬菜的结合让甜味和咸味碰撞出意想不到的美妙感受。在旺多姆酒吧[①]，一边品尝玛德莲蛋糕，一边重温古典名著，有时还会发现更多的惊喜和乐趣。在普鲁斯特沙龙[②]，能勾起各式各样童年回忆的小饼干"法式香茗"总能触及心中最柔软的部分。在剑鱼餐厅的甜点时光里，让情绪随着华尔兹舞曲尽情地旋转。神奇地出现在早餐餐桌上的布里欧修[③]带来的幸福感以及会让你脑海中浮现出琵鹭盘旋画面的"旅行蛋糕"，或许都是让你勾起童年回忆的港口……无论是简单的点心还是剑鱼（L'Espadon[④]）餐厅的精致甜品，只要出自佩雷之手，都会让人无法抗拒。你会因品尝到它重新感受到生活的美好并胃口大开，还会忍不住想要再品尝更多。这个总是热血沸腾、充满想象力的甜点师始终认为，醇美只来自于最本真的味道。他以极具辨识性的名称为至臻美味命名，最有标志性的甜点都被简单地称作"大黄""蜂蜜""香草"。透过这些名字，我们看到了一位甜点师温柔且畅快的自由之心，他敢于颠覆传统、冲破思想的束缚，敢于创作。他拥有了味觉所赋予的神圣职责。水果、可可碎仁、蜂蜜……在食材的王国里，他倾心效劳。他那随时迸发的灵感、新奇、大胆的创造力让因品尝所带来的愉悦显得更加强烈。自佩雷的美好回忆抑或天生创造力中迸发出的丰富不竭的创作灵感，把丽兹酒店变成了一个纯粹的飨客。他目光炯炯，像是准备玩一场善意恶作剧的孩子一样说道："来，只要看上一眼，最后就会让你留下满意的微笑。这可是所有人都期待的奖励呢！"这让人开心的诱惑游戏让佩雷的甜点成了无法拒绝的诱饵。从每天的第一片吐司到庞多米，再到高级料理的晚宴甜点，在这本由贝尔纳·温克尔曼摄影的作品集中，佩雷为我们揭开了一个个"像丽兹酒店那样大"的秘密[⑤]。

注释

① 丽兹酒店的旺多姆酒吧以酒店所在地旺多姆广场命名，全天开放，在此可品尝英式下午茶。

② 丽兹酒店的书房沙龙是《追忆似水年华》作者普鲁斯特最钟爱的观察巴黎生活的场所。他亲自参加了丽兹酒店的落成典礼，此后将此地当成自己的第二个家，经常举办各种私人沙龙，通过文人圈子和贵族名流收集各种秘闻轶事，并乐于将其作为写作的素材，沙龙也因其而得名。在此可品尝法式下午茶。

③ 布里欧修是法国面包，用大量鸡蛋和黄油制成，外皮金黄酥脆，内部柔软。

④ 丽兹酒店创始人凯撒·丽兹的儿子查尔斯·丽兹和欧内斯特·海明威生前皆酷爱飞蝇钓和大鱼拖钓。正因如此，1956年酒店新餐厅开业之时，查尔斯将之命名为剑鱼（L'Espadon）。这既是为了纪念他们的共同爱好，也是为了向海明威所写的小说《老人与海》致敬。

⑤ 此处呼应旅居巴黎且热衷光顾丽兹酒店的美国作家菲茨杰拉德的小说《像丽兹酒店那样大的钻石》。

眼眸闪光，
唇齿生香，
再度期许，
物我两忘。

晨间小确幸

8人份

准备时间：**20分钟**

烘焙时间：**约20分钟**

- 布里欧修面包1个
- 冷鲜全脂牛奶280毫升
- 波旁香草荚1根
- 蛋黄180克（约6个中等大小鸡蛋的蛋黄）
- 细砂糖115克
- 脂肪含量为33%的液态鲜奶油800克
- 烘焙时所需的少许黄油和粗黄糖

- 您可以自己制作布里欧修面包（做法参照第28页食谱）或者直接在面包甜品店买一份成品。

- 把冷鲜全脂牛奶倒入锅中，放入波旁香草荚一起加热至略沸腾，盖上锅盖，使香草味浸入牛奶中。

- 在此期间，将蛋黄和细砂糖在容器中一起打发至变白，然后混入液态鲜奶油。边搅拌边倒入香草味牛奶。取出香草荚。

- 将烤箱预热至180℃。

- 将布里欧修面包切成厚片，将面包片浸入容器中，确保全部都蘸湿。拿出面包片时在容器边缘小心地沥掉多余的蛋奶液。按上述操作方法准备所有的面包片。

- 将黄油放入平底锅中化开，撒入粗黄糖。待其呈焦糖状后，放入蘸好蛋奶液的面包片。将面包片两面都裹上焦糖，放入烤箱中烘焙5～10分钟。

- 将面包片放在平底锅中，品尝时盛放在温热的餐盘即可。

布里欧修法式吐司

在完成所有的准备工作后，剩余辅料还可以用来制作焦糖布丁。

10人份

准备时间：10分钟（需在前一天晚上就开始准备）

- 冷鲜全脂牛奶400毫升
- 脂肪含量为33%的液态鲜奶油75克
- 原味酸奶110毫升
- 粗黄糖30克
- 柠檬皮碎屑（仅取带颜色的部分）1克
- 柠檬汁30毫升
- 谷物燕麦130克
- 葡萄干30克

食用搭配
- 您喜欢的水果（如草莓、覆盆子、蓝莓等）
- 柠檬汁（1个柠檬即可）
- 青苹果

水果什锦麦片

- 将冷鲜全脂牛奶、液态鲜奶油、原味酸奶、粗黄糖、柠檬皮碎屑和柠檬汁混合。加入谷物麦片和葡萄干。冷藏保存1小时。

- 第二天食用前，先将青苹果切成粗丝状，放在加有柠檬汁的水中防止氧化，捞出沥水后用餐纸吸干水分。

- 用苹果丝和颜色鲜艳的水果装饰谷物燕麦，即刻食用。

华夫饼

5~6人份

准备时间：**10分钟**
烘焙时间：**以华夫饼机器运行模式**
为准

- 蛋清340克（约12个中等大小鸡蛋的蛋清）
- 细盐7.5克
- 粗黄糖55克
- 化黄油190克
- 香草荚粉2.5克
- 冷鲜全脂牛奶18.5毫升
- 55号面粉310克

食用搭配
- 糖粉、香缇奶油（做法参见40页）和巧克力碎

- 在搅拌机容器中放入蛋清、细盐、粗黄糖，打发至蓬松状。

- 将化黄油和香草荚粉一起煮沸。加入冷鲜全脂牛奶后再过筛一遍。

- 在搅拌机的另一容器中放入过筛后的55号面粉，用中速搅拌的同时，一点一点地加入上一步黄油和牛奶的混合物。

- 用抹刀将两个容器中的配料翻拌均匀。

- 将华夫饼机预热至200℃。使用可舀约200毫升面糊的中号长柄汤勺（直径约为10厘米）把面糊舀入机器中，等待10秒钟再盖上。

- 加热时长会根据华夫饼机器不同而有所差异，需悉心观察。

- 品尝时使用温热的餐盘，可以撒上大量的糖粉，尽情搭配香缇奶油和巧克力碎食用。

热巧克力

8人份

准备时间：20分钟
烘焙时间：如有需要可在前一天晚上进行泡制

- 冷鲜全脂牛奶75毫升
- 可可含量为62%的巧克力甘纳许230克
- 可可含量为70%的黑巧克力230克
- 可可含量为43%的牛奶巧克力60克

- 您可以制作原味热巧克力或者加入其他香料。如果您想尝试其他口味，在这里为您提供几款不同做法：

  – 法国四香料（主要成分为白胡椒、肉豆蔻、丁香、生姜）或肉桂粉4克

  – 粉红胡椒10克

  – 陵零香豆（东加豆）8克

  – 柠檬或者小柑橘2个（将表皮磨成碎屑，或将橙子皮切成细丝）

  – 盐之花1小撮

- 制作其他风味热巧克力，需要在前一天晚上进行调味：将所选择的调味配料放入牛奶中，一起煮沸。关火，待其冷却后冷藏保存，制作热巧克力前再取出。第二天，将浸味后的牛奶用网筛过滤，再将其加热至略沸腾。

- 制作原味热巧克力，可在需要饮用前直接进行准备工作即可。

- 将所有巧克力切成小块状。

- 将牛奶和奶油混合煮沸，倒在巧克力碎块上，用料理棒搅拌均匀，趁热享用。

布里欧修

弗朗索瓦·佩雷的
只言片语

我喜欢布里欧修的丰腴，它让人心安的圆滚滚的形状，它沁着黄油的**香甜**。它散发着一种**香气**，是**早餐**的味道，也是幸福的**下午茶小点心**的味道。她充满了我快乐的回忆。她既简单又奢华，既丰满又轻盈，既如天真淳朴的少女，也是**丽兹酒店晨间聚会**的女主角。你看她的圆润多么光彩夺目啊！她在面包和甜点的两个世界间行走，是一块准备好做一千零一次味觉旋转的可爱面团。我的想象力乐于躲在她**柔软绵密**的怀抱里。翻着这本书，您会慢慢地发现她出现在我许多食谱里。

10人份

（本食谱的配料用量可制作2份大布里
欧修，需要2个8厘米×28厘米的蛋糕
模具制作）

**准备时间：1小时30分钟（面团需要
前一天晚上准备好）**

静置时间：约2小时

烘焙时间：45分钟

- 面包专用冷鲜酵母14克
- 全脂牛奶200毫升
- 面包精粉400克
- 细盐12克
- 粗黄糖50克
- 鸡蛋230克（约4个大鸡蛋或者5个小
  鸡蛋）
- 化黄油280克
- 蛋黄1个（搅匀后加入几滴水，搅拌
  成金黄色待用）

- 将冷鲜酵母打散，掺入全脂牛奶中。筛入面包精粉，加入
  细盐、粗黄糖、一部分鸡蛋（余下1个鸡蛋的量），用1挡速
  度搅拌10分钟。

- 加入剩余的鸡蛋，用1挡速度继续搅拌直至面团完全脱离容
  器内壁。

- 分多次加入黄油，继续搅拌直至面团再次脱离容器内壁。

- 把面团放在碗中，封上保鲜膜，放入冰箱醒发1小时。取出
  后轻轻按揉排气。再次封好保鲜膜，放入冰箱直到第二天
  早上。

- 第二天，将烤箱预热至150℃。把面团分成6个小面团，每
  份80克。将圆面团交错排列在蛋糕模具中，把每个面团上
  有纹路或裂纹的一面朝下摆放，并在每一个顶部轻轻按压
  一下，使形状稍微扁一些。在常温下放置待其醒发至和模
  具边缘一样高（约1小时）。把搅匀的蛋黄液刷在面团上使
  其呈金黄色。

- 放入烤箱烤45分钟。

布里欧修

因为大面团更容易揉，所以这里给出的配料比例可用于制作
2个布里欧修面包。一旦制作好以后，您可以把面包装在保鲜袋
里冷冻保存，食用时将烤箱预热至100℃加热即可。

黄香李布里欧修黄油吐司

该食谱适用于制作所有您喜欢的水果吐司。

8人份

准备时间：1小时（不包括准备和制作布里欧修面包的时间）
烘焙时间：2小时15分钟

布里欧修
- 布里欧修面包1个（可参照第28页食谱自己制作，或者直接在面包甜品店买一份成品。）

黄香李汁
- 黄香李1千克
- 粗黄糖100克

黄香李甜酸酱
- 黄香李720克（上一步骤中剩余的配料）
- 水60毫升
- 粗黄糖50克
- 波旁香草荚1根
- 白兰地酒80毫升

完成工序
- 甜黄油200克
- 新鲜黄香李500克
- 带皮杏仁碎50克
- 百里香嫩叶适量

布里欧修

- 将布里欧修冷冻1小时以便更容易切片。

- 如果您不使用面包机，可将烤箱预热至140℃。把布里欧修竖向切成厚度为8毫米的长片。修整边角，使面包片皆呈长方形。把面包片放入面包机中加热，注意不要使其颜色因过度加热而变深。或者将面包片夹在两片烘焙面包时使用的硅胶烤垫中间，放入烤箱中加热10分钟。

黄香李汁

- 将黄香李洗净并沥干。切成两半，去核。把果肉放入不锈钢搅拌盆中。加入粗黄糖，用保鲜膜封好容器后，放在锅里隔水加热1小时后，用滤网过滤，把果汁和果肉分离，用果肉来制作甜酸酱。

黄香李甜酸酱

- 把波旁香草荚从中间竖向劈开，用刀沿内壁刮下香草籽。在锅中放入水、粗黄糖和香草籽，放在电磁炉上加热。第一次沸腾时加入上一步处理好的黄香李果肉。将混合物加热至高温后，加入白兰地酒继续加热。

- 将温度调至中挡，加热5分钟，之后用最低挡慢煨2小时（如若使用明火，先用中火，再用小火煮2小时，如有必要可以使用热扩散器）。当果肉完全煮软且仍保有原本形状时，停止加热。

- 此甜酸酱可以装在密封性较好的容器中，放在冰箱里长时间保存。

完成和装饰

- 将甜黄油在常温下放置至少1小时，以便可以搅拌至膏状。把甜黄油放入裱花袋，使用较细的圆形平口裱花嘴或者直接在裱花袋底部剪一个小孔。把洗好的新鲜黄香李切成两半，去核。用刀把带皮杏仁竖向切成碎片。把黄油按图所示的曲线花形挤在布里欧修面包片上，在上面涂一层黄香李甜酸酱，摆满切好的黄香李果肉（每一片面包片上放50克黄香李果肉）。用杏仁碎和百里香嫩叶进行装饰。请即刻品尝。

我的布雷斯甜挞

弗朗索瓦·佩雷的

只言片语

在我们家的周日餐桌上，这样的挞从不会缺席。酥厚的布里欧修挞皮上要溢出的奶油般柔软的馅心总会让迫不及待的我心跳加速。我希望能把这种**带有地方特色**的小点心呈现在大酒店的餐桌上，以向我的**故乡布雷斯**致敬。把奶油和糖混合后满满地覆盖在挞皮上，便是制作这道甜点的乐趣所在。我时常想：要是没有鲜奶油，我的甜点会变成什么样子啊！它是一种奇妙的香味添加剂，可以把味道包裹住，并赋予它更浓厚的风味。和牛奶、黄油一样，我都是从位于布雷斯艾特雷的一家小型乳制品合作社直接采购鲜奶油的。我们甜点主厨应该去捍卫和支持法国丰富的**物产资源**，比如用原产地命名来保护产品，支持手工匠人和极高水准的生产者。回归产品的本真，注重平衡健康和乐趣的理性创造力，这是当代甜点师必须遵守的**准则**。

我的布雷斯甜挞

10人份

准备时间：**1小时30分钟**（面团需在前一天晚上准备好）
静置时间：**1小时30分钟**
烘焙时间：**10分钟**

布里欧修面团
- （做法参见第28页）

风味甜奶油
- 脂肪含量为40%的AOP等级风味奶油200克
- 粗黄糖50克

- 准备好布里欧修面团（做法参照第28页）。

- 第二天，从冰箱中取出面团，趁低温时进行加工。用擀面杖把面团擀成直径约为30厘米的圆形面皮（约3毫米厚），用叉子在所有表面上戳孔后，冷藏保存至少30分钟。

- 用直径为28厘米的不锈钢圆形模具圈裁切出挞皮。可以用面皮的边角料制作其他甜挞或者布里欧修面包：一定要按照配料比例标准制作，这样面团更容易糅合与发酵。

- 将烤箱预热至190℃，使用热风模式。

- 在烘焙前，将鲜奶油和粗黄糖混合，不要打发奶油，之后把混合物倒在挞皮上。制作一个甜挞需要约250克混合奶油。

- 将甜挞放置在用于烘焙面包的专用硅胶烤垫上，放入烤箱烤10分钟即可。

柠檬橙酱柑橘花语

8人份

准备时间：1小时

柠檬果凝
- 片状吉利丁6克（约3片）
- 水150毫升
- 柠檬汁150毫升
- 细砂糖60克

水煮金橘
- 金橘300克
- 水500毫升
- 细砂糖500克

橙酱
- 马铃薯粉12克
- 柑曼怡香橙干邑甜酒35毫升
- 细砂糖130克
- 橙汁270毫升
- 柠檬汁30毫升
- 细条橙皮2条（仅取带颜色部分）

糖渍青柠檬皮
- 青柠檬3个
- 水500毫升、细糖250克（或者制作水煮金橘时熬出的糖浆）

装饰工序
- 橙子3个
- 粉红葡萄柚2个
- 青柠檬3个
- 小茴香叶、香菜叶、薄荷叶各适量
- 生茴香球茎1个（选用）

柠檬果凝

- 先把吉利丁片在冷水中浸泡10分钟。将柠檬汁和水（食谱中定量的水）一起煮沸。加入细砂糖、浸泡后捞出沥干水的吉利丁片。把混合物分别均量放在8个盘子里，并将厚度修整为4毫米。冷藏保存。

水煮金橘

- 用牙签把金橘横向穿孔，在沸水中连续烫煮4次。捞出沥干。把细砂糖和水（食谱中定量的水）一起煮沸，形成糖浆。把热糖浆浇在金橘上。待金橘冷却后，多次重复此步骤，直至橘瓣变软。把金橘瓣沥干。可以把糖浆保存起来，用于制作糖渍青柠檬皮。

橙酱

- 将马铃薯粉放入柑曼怡香橙干邑甜酒中搅匀。

- 把细砂糖放在锅中烧热至呈浅色焦糖状。加入所有果汁和细条橙皮，使焦糖融化。加入柑曼怡香橙干邑甜酒，一起煮沸，用筛网过滤后，冷藏保存。

糖渍青柠檬皮

- 用刮皮器刮取细长片状青柠檬皮，注意不要刮到果皮的白色部分。将柠檬皮多次浸入沸水中。将细砂糖和水一起煮沸，然后把糖浆浇在柠檬皮上。多次重复此步骤，直至柠檬皮完全变软（您也可以用水煮金橘步骤中的糖浆）。将糖渍后的青柠皮修整成小薄片状。

装饰工序

- 用水果尖刀将橙子、粉红葡萄柚、青柠檬的表皮切掉。切出不带透明薄果皮的果肉，直接放在每个盘子中的柠檬果凝上。添加水煮金橘，摆上糖渍青柠檬皮，用小茴香叶、香菜叶、薄荷叶进行点缀。撒上橙酱（每份约需要40克）即可。也可加入适量生茴香球茎碎屑。

午餐随想

萨凯帕朗姆巴巴蛋糕

— 搭配鲜奶油 —

为什么选择萨凯帕朗姆酒？因为它味道醇厚，且带有一丝丝木箱的香气。想要做出美味的朗姆酒海绵蛋糕，选择一款合适的朗姆酒是十分重要的。

8~10人份

准备时间：**2小时（不包括静置时间）**
糖渍浸泡时间：**12小时**
烘焙时间：**约30分钟**

巴巴面包
- 45号面粉200克
- 盐4克
- 细砂糖20克
- 面包专用冷鲜酵母10克
- 水10毫升
- 鸡蛋2个
- 常温黄油60克，另备少许涂抹于模具内壁，方便脱模

巴巴糖浆
- 水1升
- 细砂糖300克
- 23年萨凯帕（Za capa）朗姆酒200毫升
- 柑曼怡香橙干邑甜酒20毫升

香缇奶油
- 脂肪含量为33%的液态鲜奶油300克
- 过筛糖粉50克

淋面
- 钻石镜面果胶500克
- 23年萨凯帕朗姆酒50毫升

食用搭配
- 脂肪含量为40%的风味奶油200克

巴巴面包

- 将搅拌机安装上钩形搅拌头，在容器中倒入面粉、盐、糖。将酵母掺入水中搅匀，加入混合物中，并加入鸡蛋。进行搅拌直至面团完全不粘容器内壁。把常温黄油切成小块状加入容器中，继续搅拌直至面团不粘容器内壁。

- 将烤箱预热至150℃。将小萨瓦兰蛋糕模具少量、均匀地涂上黄油。将面团分别等量放入模具中（每个模具约28克），放置15~20分钟待其发酵。

- 将模具放置于黑色大烤盘上，放入烤箱烘焙22分钟。将蛋糕脱模，再放入烤箱，以130℃烘干13分钟。

巴巴糖浆

- 将水和细砂糖煮沸，之后冷却至50℃。加入朗姆酒，然后浇在所有的巴巴蛋糕上。把蛋糕放置于冰箱一整夜，第二天检查蛋糕是否完全被浸透，如有需要可再次进行糖渍步骤。

香缇奶油

- 将液态鲜奶油与糖粉混合，一起打发至浓稠、硬实状态。将奶油放入套有裱花嘴的裱花袋中，冷藏保存。

组装和完成

- 将巴巴蛋糕沥干。把淋面配料一起加热至温热，用刷子在巴巴蛋糕上均匀涂抹一层。在巴巴蛋糕的中心填满风味奶油，然后在蛋糕上表面以螺旋圆环状挤上香缇奶油，注意中心需留空。在中间空隙处填满风味奶油。

樱桃挞

弗朗索瓦·佩雷的
只言片语

樱桃挞真是一种"颠覆"性的甜点，做法令人称赞。它在制作时最大限度地保留所有水果的香味，**口感柔美、丝滑**，并保留让人愉悦的果酸味道。仿佛是通过一种魔法，这道甜挞便有了让水果达到完美成熟度的能力。于我而言，探索它的极致做法已颇有成果：温热的水果挞搭配鲜奶油一同享用，真是妙不可言！樱桃挞**微酸、味道醇厚**，苹果挞则更加**清淡、甜美**。

樱桃挞

— 搭配风味奶油食用 —

请尽情发挥您的想象力，用这份食谱制作做黄香李、李子等水果挞。

8人份

准备时间：**3小时30分钟**
烘焙时间：**50分钟**

樱桃汁
- 1千克樱桃
- 100克粗黄糖

樱桃甜酸酱
- 波旁香草荚1根
- 粗黄糖50克
- 水60毫升
- 樱桃700克（用上一步骤中余下的樱桃肉加上一些去核的新鲜樱桃即可）
- 樱桃酒80毫升

烤填馅樱桃
- 樱桃112颗（制作1个樱桃挞会用到14颗樱桃）

樱桃汁

- 将樱桃切成两半，去核。把樱桃放入不锈钢搅拌盆中，加入粗黄糖，覆上保鲜膜，小火隔水加热1小时。用筛网过滤，保存果汁。果肉另存，用于制作甜酸酱。

樱桃甜酸酱

- 把香草荚从中间竖向切开，用刀沿内壁刮下香草籽。在锅中放入水、粗黄糖和香草籽，放在电磁炉上加热。在混合物沸腾时，立刻加入樱桃。混合物加热至高温后，加入樱桃酒加热。

- 将温度调至中挡，加热5分钟后，用最低挡（或者用非常小的火）慢煨2小时。当樱桃果肉完全煮软且仍保有原本形状时，停止加热。

- 冷却后，冷藏保存。

烤填馅樱桃

- 将烤箱预热至160℃。将樱桃去梗，切掉底部，去核，不要破坏果肉形状。在樱桃中间塞满樱桃甜酸酱，将所有樱桃分别放在8个直径为10厘米的模具中，并用锡纸把模具盖好，在烤箱中加热约20分钟。从烤箱拿出时，小心地把每个模具中的樱桃围成如图所示的直径约为8厘米的圆环状。

布列塔尼莎布蕾

- 半盐化黄油90克
- 糖粉90克
- 蛋黄2个
- 55号面粉和2克泡打粉130克，混合后一起过筛

樱桃沙司

- 马铃薯粉3克
- 樱桃汁200毫升

装饰工序

- AOP等级鲜奶油240克
- 柬埔寨贡布红胡椒（放入旋转式研磨胡椒瓶）

布列塔尼莎布蕾

- 将烤箱预热至160℃。将搅拌机安装上叶形搅拌头，低速混合半盐化黄油和糖粉，加入蛋黄。掺入过筛后的面粉和泡打粉。注意需使用非常低的速度进行搅打，切勿使混合物乳化。把面团擀压成4.5毫米厚的皮，用直径为8厘米的圆形模具圈裁切出8个小圆饼，切之前在内壁涂抹少许半盐化黄油。将小圆饼放入烤箱烤10～15分钟。

樱桃沙司

- 用抹刀（而不是打蛋器）将马铃薯粉和樱桃汁混合。将剩余的果汁加热。在果汁升至高温（但还没有沸腾）的时候，加入搅匀的淀粉汁，轻轻搅拌，使其沸腾3分钟。用筛网过滤，待其冷却后冷藏保存。

装饰工序

- 食用前，轻轻搅拌鲜奶油使其呈半蓬发状态。把每一份填馅樱桃分别摆在布列塔尼莎布蕾上，放入烤箱以180℃烤4分钟。取出后，在填馅樱桃上先用刷子刷少许樱桃沙司，用旋转式研磨胡椒瓶撒适量贡布红胡椒粉，舀入一大勺刚刚打发好的奶油。呈上餐桌后，现场为客人将樱桃沙司浇在甜点上即可。

反转苹果挞

可以不只局限于使用苹果这种食材，您也可以尝试使用芒果、梨、榅桲果等水果，但每种水果需要的烘焙时间是不同的，请一定注意观察。

8人份

准备时间：**1小时**
烘焙时间：**2小时15分钟**

布列塔尼莎布蕾
- 55号面粉80克
- 泡打粉2克
- 化黄油100克
- 糖粉40克
- 杏仁粉20克
- 蛋黄20个

焦糖和苹果
- 半盐黄油少许（模具上油用）
- 细砂糖110克
- 去皮苹果1.8千克（约9个）

用于烘焙的酒糖浆
- 黄油50克
- 卡尔瓦多斯酒15毫升（苹果白兰地）
- 细砂糖10克

布列塔尼莎布蕾

- 将烤箱预热至160℃。过筛55号面粉和泡打粉。用搅拌机将化黄油、糖粉、杏仁粉混合搅拌，加入蛋黄，最后掺入过筛后的面粉和泡打粉。把面团放进套有12号圆形平口花嘴（直径8毫米）的裱花袋中，在铺好吸油纸的烤盘上，由中心向外顺时针画圆挤出面糊，排列成直径为22厘米的螺旋形面饼。放入烤箱中烤10～12分钟，注意观察颜色变化。

焦糖和苹果

- 选择直径为28～29厘米的铜制模具，在表面涂抹半盐黄油，并铺上相同直径的吸油纸，同时也在吸油纸表面涂抹半盐黄油。

- 将细砂糖烧热，直至形成赤褐色焦糖，接近生烟时停止加热，倒入铜制模具中。

- 将苹果削皮、去核，将一份苹果平均切成6块。将苹果块尽量平整、紧凑地排列在铜制模具中的焦糖上。

用于烘焙的酒糖浆

- 用小火将所有配料加热化开，混合均匀，切勿煮熟。用刷子将此糖酒浆刷在所有的苹果上，重复刷一次。

卡尔瓦多斯淋面

- 香草荚1/2根
- 透明果胶300克
- 卡尔瓦多斯酒（苹果白兰地酒）
  30毫升

食用搭配

- 风味奶油

反转苹果馅的烘焙制作

- 将烤箱预热至160℃。

- 放入烤箱前，在苹果上再次刷一遍糖酒浆。

- 将烤盘放入烤箱烘焙，等待果汁慢慢渗到盘底。

- 拿出烤盘小心地将果汁倒出。再次刷上糖酒浆，放入烤箱烤45
  分钟。

- 再次将烤盘中的果汁倒出，并加入第一次倒出的果汁中。用刷
  子将两次倒出的果汁刷在苹果上。用锡纸把模具盖上，放入烤
  箱中继续烤45分钟。

- 再次倒出烤盘中的果汁，并用刷子将其刷在苹果上。再次用锡
  纸把模具盖上，放入烤箱中继续烤30分钟。

- 注意观察烘焙过程，烘烤时长会因为所选用的苹果种类不同而
  有所变化：水果应该变成非常漂亮且均匀的红棕色。此时将模
  具拿出放在低温烤盘上，以终止烘焙过程。静置待其冷却，切
  勿拿掉锡纸。

- 待苹果完全冷却后，用抹刀将其压紧并抹平表面，放入冰箱冷
  藏保存。

组装和完成

- 将制作卡尔瓦多斯淋面的全部配料一起加热。

- 把布列塔尼莎布蕾盖在苹果馅上对齐。

- 脱模时，将整体翻转在餐盘上，直接在燃气炉上稍微加热，拿
  掉模具。浇上卡尔瓦多斯淋面酱。请搭配风味奶油品尝。

酥脆蛋白霜

弗朗索瓦·佩雷的

只言片语

我这样一个热爱美食的人非常注重一道甜点是否能带给我**视觉**上的**丰富感**。第一眼就能吸引我眼球的甜点应该具有**饱满、丰盈**的外形。对于我来说，创造出这种即刻的心动，意味着周全的考虑，和并不会削弱口感的精准的原料使用量的控制。但是，**饱满的外观**需要和**绝对的轻薄质感**并存。这就是为什么蛋白霜如此吸引我的原因：它就是甜点界的热气球。当我为Jardin de l'Espadon设计这款甜点的时候，我希望创造出一种纯粹的、洁白的、充满空气感的作品。同时，**巧克力的吸引力**也会令勺子不浪费、幸福地刮去餐盘上所有的酱汁。

酥脆蛋白霜

— 搭配巧克力奶油和黑巧克力沙司 —

8人份

准备时间：**2小时（巧克力沙司最好在前一天晚上做好）**

烘焙时间：**1小时20分钟**

巧克力奶油
- 冷鲜全脂牛奶140毫升
- 可可含量为43%的牛奶巧克力50克
- 可可含量为70%的黑巧克力90克
- 细砂糖40克
- 蛋黄60克（约3个）
- 130克脂肪含量为33%的液态鲜奶油，需低温冷存

黑巧克力沙司
- 可可含量为70%的黑巧克力70克
- 可可含量为43%的牛奶巧克力10克
- 全脂牛奶120毫升
- 高温杀菌液态鲜奶油120克

半熟蛋白霜
- 蛋清120克（4个中等大小鸡蛋蛋清）
- 细砂糖120克
- 过筛糖粉120克
- 可可杏仁碎适量

巧克力奶油

- 将冷鲜全脂牛奶煮沸后放置待用。

- 将所有巧克力掰成小碎块，放在同一个较大容器中。

- 将细砂糖和蛋黄一起搅打至变白，制作成英式奶油酱：一边搅拌，一边将热牛奶一点一点倒入混合物中，之后将混合物用小火至中火煮热，同时用抹刀搅拌。当英式奶油酱变稠、变厚时，倒在巧克力上，用料理棒搅拌混合，加入低温奶油，用刮板再次混合均匀。将此混合奶油迅速冷却，冷藏保存。

黑巧克力沙司

- 如果有可能的话请在前一天晚上完成此步骤。将所有巧克力掰成小碎块，放在同一个较大容器中。将全脂牛奶和液态鲜奶油一起煮沸，分两次倒在巧克力上。用料理棒搅拌混合，低温保存。

半熟蛋白霜

- 将烤箱预热至90℃。搅拌蛋清，充分打发时加入细砂糖，继续打发至有纹路，打发至变硬时，用软抹刀捣入过筛糖粉和少许可可杏仁碎。把蛋白霜放进套有8号圆形平口裱花嘴的裱花袋中，挤在直径均为3.5厘米的半圆形模具中。在上面撒上可可杏仁碎。放入烤箱烤20分钟，用一把小勺子将蛋白霜舀出（将勺子频繁地沾水），只留下外壳。之后继续烤1小时。

法式奶冻
- 吉利丁1克
- 蛋清150克（约5个）
- 细砂糖110克

巧克力屑
- Carúpano黑巧克力250克（歌剧院巧克力店出品）

法式奶冻

- 将吉利丁在冷水中浸泡10分钟，放入微波炉中融化。

- 将蛋清和细砂糖一起打发至出现纹路，不要打发得太紧实。加入融化后的吉利丁并继续搅拌片刻。将混合奶冻放入套有12号圆形平口裱花嘴的裱花袋中，挤入直径为3.5厘米的底部带尖的半圆形模具中。放入蒸汽炉中以80℃蒸3分钟，或者在蒸锅中用小火蒸3分钟。

巧克力屑

- 将巧克力以50℃加热融化，迅速降温至27℃（切勿低于27℃）。稍微加热至31～32℃，使其软化，具有流动性。

- 用抹刀将巧克力液涂在大理石板或低温平板上。待其凝固后，用刀片或者三角铲刮出巧克力屑。

装饰工序

- 在每一个深口盘中心倒入少许巧克力沙司，使其呈圆形。在蛋白霜中间填满巧克力奶油，并小心地在上面做成一个好看的球形。把法式奶冻放在巧克力奶油球上，顶部加3根巧克力屑，形成交叉三角形。将此步骤重复3次（每份餐盘中放置3个蛋白霜）。将3个蛋白霜以巧克力沙司为中心均匀分布在四周，完成后即可享用。

无粉巧克力蛋糕

弗朗索瓦·佩雷的

只言片语

还有什么比巧克力蛋糕更能**俘获人心**的呢？接下来介绍一个简单、容易制作、近乎家常的食谱，建议在食用时搭配英式奶油酱。这是巴黎餐馆菜单上的一道**经典甜品**，也是非常适合在丽兹酒店酒吧食用的甜点。制作时，我没有在里面加入面粉。在设计这款甜点时，我并没有用当下流行的制作方法，而是忠于自己**"视觉丰厚、内在轻盈"**的制作原则，将体积增加了一倍。至于英式奶油酱，也是我的得意之作。我父亲做出的英式奶油酱是如此不可思议的美味，这也促使我想要不断地在锅碗瓢盆中间钻研这门"炼金术"。怎么样才能做出这种绝妙的东西呢？这份爸爸英式奶油酱对于我来说永远都是无与伦比的，这全要归功于我的父亲。

无粉巧克力蛋糕

— 搭配英式奶油酱 —

8人份

准备时间：**1小时**
静置时间：**香草浸泡、入味12小时，
冷冻3～4小时**
烘焙时间：**45分钟**

传统英式奶油酱
- 波旁香草荚1根
- 全脂牛奶1.3升
- 细砂糖160克
- 蛋黄320克

无粉巧克力海绵蛋糕
- 可可含量为70%的黑巧克力100克
- 可可酱砖60克
- 蛋黄290克（约15个中等大小鸡蛋）
- 蛋清240克（约8个中等大小鸡蛋）
- 细砂糖200克

传统英式奶油酱

- 在前一天晚上做好香草浸味、入味的准备工作：将香草荚切成小块，将一半牛奶和香草荚块一起煮沸。用料理棒搅拌均匀。加入剩余的牛奶。盖上锅盖，冷藏、静置一晚使其浸味。

- 第二天，将牛奶用筛网过滤后，补充少许至原始重量。将其加热至轻微翻滚。将细砂糖和蛋黄一起搅打至变白，一边搅拌一边加入牛奶，然后一起加热，同时用抹刀搅动，当奶油变得浓稠、可以附着在抹刀上时，用指尖划过可以看到清晰的且不会消失的痕迹时（82℃左右），马上用筛网过滤，盖上锅盖并立刻放进冰箱冷藏保存。

无粉巧克力海绵蛋糕

- 将烤箱预热至150℃。将巧克力和可可酱砖一起隔水加热至40℃使其化开。

- 用搅拌机将蛋清、蛋黄和细砂糖一起搅打至轻薄并起泡。用软抹刀将一部分舀入巧克力液中，手动搅拌，然后舀入剩余打发混合物，保持手动搅拌。将烘焙用硅胶垫放在烤盘上，放置尺寸为23厘米×23厘米×4.5厘米的模具，将巧克力液混合物倒入模具中。放入烤箱烤45分钟。待其冷却后，水平切掉蛋糕的表层，使其高度均匀地保持在3.5厘米。

巧克力慕斯

- 可可含量为70%的黑巧克力
  150克
- 鲜奶油130克
- 蛋黄4个
- 细砂糖20克，配蛋黄使用
- 蛋清130克（约4个）
- 细砂糖10克，配蛋清使用

黑巧克力淋面酱

- 吉利丁片6克
- 高温杀菌液态鲜奶油210克
- 冷鲜全脂牛奶20毫升
- 细砂糖155克
- 可可粉50克
- 可可含量为43%的牛奶巧克
  力55克

巧克力慕斯

- 将黑巧克力隔水加热至50℃，使其化开。适当搅拌鲜奶油，不要
  过度打发，使其刚刚打发但尚未变得紧实即可。冷藏保存。

- 用搅拌机将蛋黄和细砂糖一直搅打至蛋黄颜色泛白，蛋黄糊变得
  浓稠、细腻但依旧光滑有流动性，用抹刀划过蛋黄糊时会留下痕
  迹，之后痕迹再慢慢消失。在此期间，将蛋清打发至蓬松、柔
  软状态，加入10克细砂糖，继续搅拌使其变得紧致，但不要过于
  硬实。

- 将化开的巧克力和一半打发的奶油混合，直接加入一半蛋清和一
  半蛋黄糊。先使用打蛋器搅拌混合，然后用软抹刀搅拌。之后再
  加入剩下的蛋清和蛋黄糊。冷藏保存。

黑巧克力淋面酱

- 将吉利丁片在冷水中浸泡10分钟。

- 将液态鲜奶油、冷鲜全脂牛奶和细砂糖放入锅中加热。在沸腾时
  加入可可粉。将混合物浇在掰碎的巧克力和浸泡后的吉利丁片
  上。用料理棒搅拌混合，然后用筛网过滤。使用时需保持在40℃。

组装和完成

- 将无粉巧克力海绵蛋糕放在4.5厘米高的模具内。把巧克力慕斯均
  匀地抹在蛋糕上，用抹刀抹平。放入冰柜进行冷冻。保存剩余的
  慕斯，待冷冻完成，如有需要可以再次进行涂抹。

- 将冷冻好的蛋糕脱模后切成长11厘米、宽4厘米的长条。在每一份
  上面都浇上黑巧克力淋面酱。也可以将蛋糕保持完整状态，请先
  用塑料围边保护好蛋糕四周，然后再浇上黑巧克力淋面酱。

- 品尝时请搭配英式奶油酱。

8人份

准备时间：**1小时30分钟**
烘焙时间：**3分钟**

水煮大黄
- 大黄1千克
- 水1升
- 细砂糖200克
- 石榴糖浆（调色用）适量

玻璃糖片
- 翻糖膏110克
- 葡萄糖75克
- 粉红胡椒适量
- 糖粉适量

酸奶雪葩
- 高温杀菌全脂牛奶150毫升
- 波旁香草荚1根
- 高温杀菌液态鲜奶油90克
- 细砂糖160克
- 原味酸奶550毫升

完成工序
- 小葱1把
- 香芹1把

水煮大黄

- 将大黄洗净、擦干，切成长短不一的小段。将水和细砂糖一起煮沸，加入足量的石榴糖浆调成想要的颜色。将糖浆浇在大黄上，静置待其完全冷却。

- 将大黄沥干，回收糖浆。确认大黄内芯全部煮透（但应该保持其原有形状）。如果没有煮透，再次将糖浆煮沸、浇在大黄上。重复此步骤直至大黄完全煮透但仍然可以直立。

玻璃糖片

- 将翻糖膏和葡萄糖一起加热至165℃。将混合物倒在烘焙用烤垫上，放置于干燥处静置使其完全冷却。搅碎成粉末后继续放置于干燥处保存。

- 将烤箱预热至180℃。在烤盘上放置3个大小不一的圆片形镂花模板（直径分别为1厘米、2厘米、3厘米），并在上面均匀、仔细地撒上糖粉。在糖粉上撒上少许研磨的粉红胡椒，然后放入烤箱中烘焙3分钟。取出后静置待其冷却。

酸奶雪葩

- 把香草荚从中间竖向劈开，用刀沿内壁刮下香草籽。将牛奶煮沸后从热源上移下，放入香草荚和香菜籽，静置10分钟待其浸味。取出香草荚，加入液态鲜奶油和细砂糖，一起煮沸，倒在酸奶上。仔细搅拌均匀，然后倒入冰激凌机制成雪葩。

摆盘

- 将大黄段竖立铺在盘子上，摆成不规则形状，淋上少许糖浆。放上小丸子状酸奶雪葩、玻璃糖片，并摆上小葱段及香芹叶进行点缀。

香辛草蔬大黄
― 搭配酸奶和粉红胡椒 ―

茶时追忆

柠檬棉花糖小熊饼干

8人份

准备时间: **1小时**
静置时间: **24小时+面团静置1小时**
烘焙时间: **10分钟**

柠檬棉花糖
- 片状吉利丁7克
- 细砂糖210克
- 葡萄糖20克
- 水40毫升
- 蛋清60克
- 柠檬皮碎屑5个（仅取带颜色的部分）

甜饼干
- 软膏状黄油150克，另备少许用于模具上油
- 糖粉95克
- 杏仁粉30克
- 鸡蛋1个
- 盐之花1克
- 香草荚1/2根（取籽）
- 55号面粉250克

柠檬棉花糖
- 将吉利丁片在冷水中浸泡10分钟。选边长为23厘米的正方形模具，抹少许油，放置于烤盘上。
- 将细砂糖、葡萄糖、水放进锅中一起煮热至120℃。加入沥干水的吉利丁片使其溶解。
- 用搅拌机将蛋清打发至变得硬实，保持机器继续运转的同时，把糖浆缓缓呈细线状倒在蛋清上。继续搅拌混合10～12分钟，用软抹刀捣入柠檬皮碎屑，并将混合物放入模具中。静置24小时。

甜饼干
- 用搅拌机将软膏状黄油、糖粉和杏仁粉混合。加入鸡蛋、盐之花和香草籽。将面粉过筛，掺入混合物中，细致地混合、搅拌成均匀的面团。用保鲜膜将面团包住，放入冰箱静置1小时。
- 将烤箱预热至160℃。用擀面杖将面团擀成厚度为1毫米的面皮，用长度为6厘米的小熊模具框裁切出16块小熊饼皮坯，依次摆在烘焙用烤垫上或者垫有油纸的烤盘上。放入烤箱烤约10分钟。

组装工序
- 用切面皮的小熊模具框裁切出8个小熊棉花糖（也可以使用其他样式的模具框切割面皮和棉花糖，但二者需要保持相同的形状）。将一片小熊棉花糖放在一块小熊饼干上，再盖上另一片饼干即可。

蜂蜜玛德莲蛋糕

弗朗索瓦·佩雷的

只言片语

《追忆似水年华》的作者善于表达内心的微妙情感，在丽兹酒店度过了无数个午后时光，这款玛德莲蛋糕也是普鲁斯沙龙特所最钟爱的。其实，想要做出这种超越时空的美味，无须费心研究英国食谱。一家寻常的饼干店铺会因为在橱窗中陈列这个贝壳形状的小蛋糕而变得非同寻常。为了这个特别的时刻，我在远离嘈杂纷扰的书房里闭关思索，期望可以呈现出丰富的内容，从而使每个人都找到心中的玛德莲蛋糕：那是一种嗅觉和味觉的记忆，足以唤醒隐藏于童年时光中的幸福和快乐。所有这一切都起止于一块玛德莲蛋糕。初尝是一小口**云朵般**的柠檬味奶油，慢慢地，你会发现这块金黄色的玛德莲蛋糕是如此**甜蜜**、**柔软**、**松脆**、**浓郁**，足以慰藉人心。在此我将为您揭开烘焙的秘诀。

8～10人份

准备时间：30分钟
静置时间：2天较为理想，若条件不允许则需24小时
烘焙时间：10～12分钟

玛德莲蛋糕

- 45号面粉160克
- 泡打粉10克
- 黄油160克
- 常温鸡蛋3个
- 细砂糖100克
- 洋槐蜂蜜40克
- 板栗花蜜30克

镜面淋酱

- 糖粉300克
- 水70毫升
- 维生素C粉5克
- 橄榄油40毫升

- 将面粉和泡打粉一起过筛。将黄油化开。将搅拌机安装上叶形搅拌拍，把鸡蛋、细砂糖和两种蜂蜜混合。将混合后的面粉和泡打粉一点一点倒入混合物中。最后加入化开后的温热黄油。所有配料都混合均匀后，停止搅拌以防止乳化。冷藏保存24小时备用。

- 第二天，将玛德莲蛋糕模具涂抹少许黄油，将烤箱预热至180℃。

- 将面糊均匀倒入模具中，放入烤箱。将烤箱温度降低至160℃，烘焙10～12分钟，直到玛德莲蛋糕呈金黄色。

- 您可以在制作当天品尝，但最好能够在食用的前一天先做好，待蛋糕冷却后用保鲜膜包好静置，便于第二天进行淋面。

- 进行淋面工序时，先将烤箱预热至200～220℃。将用于制作镜面淋酱的配料混合。用刷子将淋面酱均匀涂抹在玛德莲蛋糕上，放入烤箱烘焙约2分钟，以使蛋糕拥有干燥的触感。温热或常温状态下享用。

蜂蜜玛德莲蛋糕

香草迷你泡芙

您可以在迷你泡芙中填充卡仕达奶油酱或者香缇奶油。关于自制香草粉，您可以这样操作：取一根香草荚，将它晾干，搅碎成粉末，过筛后留下细粉，放入密封性较好的容器中保存即可。

8人份（约40个迷你泡芙）

准备时间：**30分钟**
烘焙时间：**30分钟**

- 鸡蛋240克
- 55号面粉170克
- 牛奶140毫升
- 水140毫升
- 黄油110克
- 细砂糖5克
- 盐5克
- 香草粉10克，另备少许撒用
- 粗黄糖少许以备撒用

- 将烤箱预热至180℃。将鸡蛋搅匀，将面粉过筛备用。在锅中将牛奶、水、黄油、细砂糖和盐一起加热。沸腾时，一边用抹刀搅拌，一边加入面粉和香草粉。继续混合搅动，直至面团完全脱离锅的内壁。将面团放入搅拌机的容器中，一点一点掺入鸡蛋。为制成较紧实的面糊，可酌情增减鸡蛋的量。

面糊

- 将面糊倒进套有12号圆形平口裱花嘴的裱花袋中，在铺有油纸的烤盘上挤出直径约4厘米的圆形迷你泡芙。即刻撒上粗黄糖，注意需要混匀覆盖泡芙的所有表面。轻轻拍打烤盘以弹去多余的粗黄糖，放入烤箱烘焙约30分钟。出炉后用小漏勺撒上香草粉。

8人份

准备时间：**30分钟**

烘焙时间：**30分钟（不包括制作果酱的时间）**

法式海绵蛋糕

- 蛋黄100克
- 蛋清1个
- 香草粉1克
- 柠檬皮碎屑1个
- 蛋清110克
- 细砂糖60克
- 55号面粉120克，提前过筛
- 少许黄油和面粉（用于抹在烤垫上）

镜面淋酱

- 糖粉300克
- 柠檬汁80毫升
- 橄榄油40毫升

完成工序

- 覆盆子果酱130克

法式海绵蛋糕

- 将烤箱预热至160℃。用搅拌机将蛋黄、一个蛋清、糖粉、香草粉和柠檬皮碎屑一起打发至略泛白。

- 此外，将另一份蛋清打发至雪花状，分两次加入细砂糖：蛋清需要始终保持紧实状态，不能有小颗粒。用软抹刀小心地将蛋黄和蛋清混合。加入过筛的面粉。

- 在直径为20厘米、高度为5厘米的圆形蛋糕模具圈和烤垫上抹少许黄油，撒上少许面粉。将蛋糕圈置于烤垫上，一起放在烤盘中。将面糊填入蛋糕圈至边框3/4的高度。放入烤箱烘焙28～30分钟。出炉后，将烤垫下的烤盘换成烤网架以终止烘焙。等待5分钟后，将蛋糕脱模放在烤网架上，切勿套在模具中冷却。

组装和完成

- 将制作镜面淋酱所需配料混合。用锯齿刀将蛋糕水平切成相等的两份。在中间铺上覆盆子果酱。将烤箱预热至220℃，用刷子将淋面酱刷在蛋糕上，放入烤箱烘焙2分钟即可。

覆盆子蛋糕

您也可以用杏、草莓、樱桃等其他果酱制作此蛋糕。

弗洛伦丹

8人份

准备时间：**1小时30分钟**
烘焙时间：**17分钟**

弗洛伦丹
- 糖渍小红樱桃30克
- 糖渍橙皮30克，另配少许面粉与其搭配使用
- 液态鲜奶油170克
- 细砂糖100克
- 葡萄糖糖浆20克
- 洋槐蜂蜜30克
- 板栗花蜜10克
- 黄油60克
- 杏仁片120克
- 面粉40克

打底咸酥饼皮
- 半盐化黄油80克
- 糖粉50克
- 蛋黄1个
- 55号面粉140克
- 杏仁粉20克

完成工序
- 可可含量为70%的黑巧克力250克

弗洛伦丹
- 将糖渍小红樱桃剁碎，糖渍橙皮切成小段。放在面粉中混合后，放入筛网抖落多余的面粉。
- 将液态鲜奶油、细砂糖、葡萄糖糖浆、洋槐蜂蜜、黄油放在锅中一起加热至108℃，请使用温度计测量。加入杏仁片、剁碎的糖渍小红樱桃、糖渍橙皮，最后加入面粉。
- 将面团放在两片塑料纸之间擀成3毫米厚的面片。放入冰箱加强硬度，之后用边长为23厘米的方框将面片切成方块状。

打底咸酥饼皮
- 将烤箱预热至170℃，开启热风模式。将半盐化黄油放入搅拌机容器中搅拌成软膏状，按照顺序依次加入糖粉、蛋黄、55号面粉和杏仁粉。
- 用擀面杖将混合好的面团擀成1.5毫米厚的面皮。用边长为23厘米的方框切成方块状饼皮。将饼皮放在烤垫上，放入烤箱烘焙7分钟。待其冷却。

组装和完成
- 给边长为23厘米的方框涂抹少许黄油。将打底饼皮放在方框内，对照饼皮摆上弗洛伦丹。放入烤箱以170℃烤10分钟。出炉后，待其稍微冷却后脱模，然后将方块翻转过来，仔细修整四周轮廓，用锯齿刀将方块切成宽为2厘米、长为11厘米大小的长条。
- 将巧克力用隔水加热法加热至50℃至化开，以温度计测量为准。将盛有巧克力的容器从锅中取出，并将其底部浸泡在冷水中，使其迅速降温至27℃，切勿低于此温度。将容器再次隔水加热，最高至31~32℃，使其具有流动性。此时，将弗洛伦丹底部咸酥饼部分浸在巧克力酱汁中，然后放在烤架上冷却即可。

8人份

准备时间：**1小时**
烘焙时间：**1小时40分钟**

法式蛋白霜
- 蛋清300克
- 细砂糖450克

巧克力淋面
- 可可含量为70%的黑巧克力250克

法式蛋白霜

- 将烤箱预热至110℃。用搅拌机将蛋清和细砂糖一起打发。用喷火枪稍微加热。将打发好的蛋清放入套有圆形平口花嘴的裱花袋中，在铺有油纸的烤盘上挤出直径为5厘米的圆球。将蛋白霜放入烤箱烘焙30分钟，保持烤箱门呈轻微的半开状态，例如可以用一把勺子的勺柄垫着。将温度降至90℃，关上烤箱门再继续烘焙1小时10分钟。取出后于干燥处保存。

巧克力淋面

- 将巧克力隔水加热至50℃至化开，以温度计测量为准。将盛有巧克力的容器从锅中取出，并将其底部浸泡在冷水中，使其迅速降温至27℃，切勿低于此温度。将容器再次隔水加热至31~32℃，使巧克力酱具有流动性。将巧克力酱装入裱花袋中备用，待涂抹蛋白霜时再于裱花袋底部钻洞。

完成工序

- 将蛋白霜放置在烤架上，底部垫上油纸或者烘焙用烤垫。在装有巧克力酱的裱花袋底部钻一个小洞，把巧克力酱挤在蛋白霜上。轻轻敲打烤架使多余的巧克力酱滴落，当蛋白霜整体都覆盖上巧克力酱时，用弯头抹刀将其即刻移动到油纸或烘焙用烤垫上，静置等待巧克力酱凝固。

巧克力舒芙蕾蛋白霜

母亲的无花果挞

弗朗索瓦·佩雷的
只言片语

这个甜挞给我的童年带来了许多美好的时光。我的母亲会在上面填满新鲜的杏子酱，再摆上一排饱满的杏脯，水果**水润**的口感和挞皮的**酥脆**形成的对比真是令人陶醉。如今，我会根据季节不同为这份妈妈食谱的秘密花园赋予不同的变化。用无花果来制作甜挞，简直是妙极了！总体来说，我很喜欢水果为甜点带来的**新鲜**和**清爽感**。果汁能够使糖和油脂显得清爽。同时，水果外形的天然美感，无须过多的雕饰就能引人注目，令人垂涎。因为它们，品尝甜品时便仿佛感受到果园般的味道、花园的香气、路边采摘的小浆果的滋味……水果是形成我们味觉系统的初始味道之一。

母亲的无花果挞

8 ~ 10人份

准备时间：**1小时**

静置时间：**面团需1小时，在前一天
晚上制作**

烘焙时间：**20分钟**

无花果
- 浓稠奶油60克
- 粗黄糖200克
- 冷鲜鸡蛋3个
- 杜松子酒10毫升
- 新鲜无花果80克
- 杏仁片适量

打底咸酥挞皮
- 软化半盐黄油80克
- 糖粉50克
- 蛋黄1个
- 55号面粉140克
- 杏仁粉20克
- 蛋黄1个（打匀后加入几滴水）

搭配辅料
- 新鲜完好的黑皮无花果1千克（至少
  8个大号无花果或者10个中号无花果）
- 糖粉少许（以备撒用）

无花果

- 前一天晚上将所有配料混合，用料理棒搅打均匀。盖上容
  器冷藏保存备用。

打底咸酥挞皮

- 将烤箱预热至165℃。将软化半盐黄油放入搅拌机容器中搅
  拌成软膏状，按照顺序依次加入糖粉、蛋黄、面粉和杏仁
  粉。用擀面杖将混合好的面团擀成3毫米厚的面皮。用直径
  为12厘米的圆形模具圈裁切出8个圆形面皮，放入直径为8
  厘米的圆形模具中，形成带边挞皮。用叉子在挞皮底部戳
  满小孔，冷藏静置1小时。在挞皮中间铺上圆形油纸，放上
  烘焙重石或者干燥四季豆（防止挞皮烘焙时过度膨胀）。放
  入烤箱烘焙10分钟。

- 出炉后拿掉重石和油纸，在挞皮内侧刷上蛋黄液，重新放
  入烤箱以160℃烘焙1分钟。取出后不要关烤箱，将温度调
  至230℃。

完成工序

- 将新鲜无花果切成边长约1厘米的立方体小块，填满每个挞
  皮（一份挞皮约需要1个大号无花果的量），加上无花果馅
  和杏仁片。重新放入烤箱烘焙9分钟。品尝前撒上糖粉。

茴香碎

弗朗索瓦·佩雷的
只言片语

甜点师就如同雕塑家一样，手中可以运用的食材越多样，烘焙时的表现力也就越丰富。我们习惯性地将甜点和所有含糖的食材联系在一起，其实，可以加入的食材远远不止这些。举个例子来说，在我的甜品里加入一小部分**蔬菜**的情况就并不罕见。在普鲁斯特沙龙，我设计了一份"**甜咸亦可**"的菜单，希望使甜品的制作方式更加多元化，消除两种味道的边界，并进行新的尝试：我想要展示出一位甜点师也可以完美地完成一整套菜肴的能力：口感鲜美的糖煮茄子、可作为绝佳组合的蛋白霜和榛子帕玛森干酪、能碰撞出奇妙美味的茴香搭配油醋……为了这份菜单，我对于糖和盐的运用几乎不分上下。所有的调味方式都别出心裁，足以让食材的**味道**升华出不同的**光彩**。

茴香碎

― 搭配油醋汁和柠檬雪葩 ―

如果您想节省时间，也可以去您喜欢的甜点店购买柠檬雪葩成品。

茴香奶油
- 茴香籽3克
- 全脂牛奶74毫升
- 液态鲜奶油75克
- 白奶酪330克
- 细砂糖20克
- 吉利丁3片

柠檬雪葩
- 水250毫升
- 葡萄糖粉100克
- 细砂糖30克
- 奶粉10克
- 柠檬皮碎屑1个
- 柠檬汁100毫升

糖渍柠檬
- 柠檬1~2个（根据大小而定）
- 1号糖浆：细砂糖200克和水400毫升
- 2号糖浆：细砂糖100克和水200毫升

茴香奶油

- 前一天晚上，将茴香籽放置于烤盘上，放入烤箱以140℃烘焙10分钟。把茴香籽放在研钵中捣碎，然后和全脂牛奶、液态鲜奶油一起煮沸。关火后，用保鲜膜封好容器，冷藏静置一晚使其浸味。第二天，将混合物用筛网过滤。加入白奶酪和细砂糖。将吉利丁片放入微波炉中加热至融化，加入混合物。把混合奶油倒入装有气弹的奶油枪中，冷存备用。

柠檬雪葩

- 前一天晚上，将水、葡萄糖粉、细砂糖、奶粉和柠檬片碎屑一起加热，使所有配料都完全溶化。煮沸后关火，盖上锅盖静置冷却，然后加入柠檬汁。将容器密封后冷藏静置一晚。第二天，放入冰激凌机中制成雪葩，冷冻保存。

糖渍柠檬

- 前一天晚上，根据柠檬大小将每个柠檬切成4~6瓣。去瓤，但保存少许果肉。将柠檬片在沸水中连续烫4次。

- 将1号糖浆的配料混合煮沸，把柠檬片浸泡在里面。盖上锅盖用小火慢煮1小时，注意温度不要超过70℃。当柠檬片变软后，捞出沥水。将2号糖浆的配料混合加热至107℃，以温度计测量为准。把2号糖浆浇在柠檬上，冷却后一起装进罐子里密封好，冷藏保存。

莎布蕾薄脆

- 化黄油55克
- 糖粉30克
- 杏仁粉30克
- 55号面粉55克
- 25克薄脆片（或者可丽饼蛋卷碎）

茴香玻璃糖片

- 茴香籽1汤匙
- 翻糖膏225克
- 葡萄糖150克

油醋柠檬茴香

- 茴香球茎4个
- 水和冰块适量
- 橄榄油50毫升
- 醋20毫升
- 茴香酒20毫升
- 糖粉20克

装饰工序

- 野生茴香嫩尖

莎布蕾薄脆

- 将化黄油、糖粉、杏仁粉和面粉混合均匀后揉成面团。将面团夹在2张油纸中间擀成1.5毫米厚的面皮，冷藏保存。

- 将烤箱预热至160℃，开启热风模式。将面皮放置于防粘烤盘上，揭掉上面的油纸，将面皮翻转，揭掉另一张油纸。放入烤箱烘焙8分钟。

茴香玻璃糖片

- 将茴香籽放入研钵中捣碎。将烤箱预热至180℃，不使用热风模式。

- 将翻糖膏和葡萄糖混合，一起加热至165℃，以温度计测量为准。将混合物倒在烤垫上，静置待其冷却。将其搅碎成细粉末，用细筛网过筛到一张烤垫上，用另一张烤垫覆盖使其平整，在粉末上均匀地撒上少许捣碎的茴香籽。放入烤箱烘焙使其完全融合。出炉后，将烤垫从烤盘中移出，使糖片冷却，将糖片掰成较大片的碎块，放置于干燥、密封容器中保存。

油醋柠檬茴香

- 将茴香球茎切成4瓣。用刀取出球茎心，用黑松露切片器或刨丝器将其刮成细丝。把细丝放入冰水中备用。在此期间将制作油醋所需配料混合。将茴香球茎丝捞出沥水，用一大片厨房用纸吸走多余的水分，用橄榄油和醋调味。

装饰工序

- 在每份餐盘的中央铺上几片莎布蕾薄脆的碎片，在上面放上一个柠檬雪葩球。用茴香奶油将其整体覆盖。在上面摆上油醋茴香球茎丝和沥水后的糖渍柠檬丝。放上一大块茴香玻璃糖片，点缀少许茴香野生茴香嫩尖。

黑莓香芹挞

8人份

准备时间：2小时30分钟（香芹糖果和雪葩需在前一天晚上制作）
烘焙时间：5小时

香芹底汁
- 香芹2根
- 细砂糖适量

半熟香芹糖果
- 香芹底汁250毫升
- 细砂糖310克
- 香芹半根

香芹雪葩
- 香芹底汁650毫升
- 葡萄糖粉140克
- 雪葩稳定剂4克
- 绿色闪光粉0.1克

卡仕达奶油
- 吉利丁片4克
- 卡仕达奶油酱300克
- 蛋清50克
- 奶油100克

香芹底汁

- 前一天晚上，将芹菜切段，清洗并擦干。将香芹茎（除去叶子）放入榨汁机中榨汁。加入相当于菜汁重量20%的细砂糖。将菜汁煮沸，撇去泡沫和浮渣，然后用布制滤袋过滤。做好的香芹底汁呈油绿色。

半熟香芹糖果

- 该步骤于前一天晚上待香芹底汁制好以后进行。将细砂糖放入香芹底汁中，稍稍加热使糖溶化，静置待糖浆冷却。
- 将香芹茎切成3~4毫米厚的小薄片，放进密封保鲜袋中，倒入冷却的糖浆。将保鲜袋冷藏保存，将香芹片腌泡至第二天。

香芹雪葩

- 前一天晚上，将香芹底汁和葡萄糖粉一起煮沸，加入细砂糖和雪葩稳定剂。放入冰激凌机中制成雪葩，将雪葩铺在5毫米深的烤盘中。放入冰柜中进行冷冻，用直径为6厘米的圆形模具圈裁切出8个圆饼，再放入冰柜中冷冻保存。

卡仕达奶油

- 将吉利丁片放入微波炉中加热至融化。将其他配料放入容器中，加入融化的吉利丁片，用料理棒搅拌混合，倒入装有气弹的奶油枪中。

黑莓果酱

- 黑莓330克
- 黑莓利口酒30毫升
- 杜松子酒10毫升
- 粗黄糖80克，混合黄果胶4克

千层酥挞皮

- 细黄糖80克
- 千层酥饼皮500克（具体做法参见第104页食谱）

黑莓果酱

- 将黑莓切成两半，与黑莓利口酒、杜松子酒、粗黄糖和果胶一起混合。将混合物加热至沸腾后，继续用小火加热5分钟。用筛网过滤，回收果汁，用于进行黑莓果实淋面。将果酱放入密封性较好的塑料容器中，冷藏保存。

千层酥挞皮

- 将细黄糖过筛，尽可能使用质地最细腻的黄糖。将千层酥饼皮擀成2.5毫米厚的面皮，撒上细黄糖，再擀成1.5毫米厚的面皮。将面皮折叠后按压，切成宽2厘米、长26厘米的长条形挞皮。放入冰柜中进行冷冻加强硬度。

组装和完成

- 将长条形挞皮放入帕尼尼机中以180℃加热约15秒，取出后立刻沿着直径为7厘米的圆形模具圈外边沿盘缠成花形。

- 在每份餐盘上用小漏勺撒上少许香芹粉，摆上千层酥挞皮圈，在挞皮圈内部用奶油枪挤上卡仕达奶油，请谨慎、细致操作，以使奶油填满挞皮圈内壁。加上一勺黑莓果酱，在中间放上香芹雪葩小圆饼，摆上黑莓，再以沥干的香芹糖果点缀。

玄米茶青芦笋

8人份

准备时间: **2小时（芦笋奶油需在前一天晚上制作）**

烘焙时间: **15分钟**

芦笋
- 青芦笋2~3捆

芦笋冰激凌
- 削皮青芦笋170克
- 全脂牛奶200毫升
- 风味奶油65克
- 细砂糖40克
- 奶粉10克
- 冰激凌稳定剂1克
- 盐之花0.5克
- 红胡椒0.5克

芦笋薄片
- 削皮芦笋2根
- 水500毫升
- 细砂糖100克

芦笋准备工序

- 为每份餐盘挑选2根饱满的芦笋（一共16根）。用刀将每根芦笋的根部和小侧芽去掉（将它们保存起来用于装饰工序）。将这16根芦笋的长度均修剪为10厘米。在修剪掉的芦笋段中，选取外形较为美观、齐整的部分用于制作芦笋薄片。保留修剪好的芦笋用于制作冰激凌，其他较为细小的碎段和侧芽待后续用刨丝器刮丝。

芦笋冰激凌

- 将芦笋切成小圆形薄片，保留尖部。将芦笋片放入全脂牛奶和风味奶油中，用小火煮10分钟至微微沸腾。关火后，用保鲜膜把锅封好静置15分钟使其浸味，再添加少许全脂牛奶以补充到200毫升。用料理机将其搅拌至均匀且变得丝滑，加入细砂糖、奶粉和冰激凌稳定剂。一起煮沸3分钟。加入盐之花和红胡椒，尝味，可适量加入调料调整口味。将奶油放入冰激凌机专用容器中，放入冰柜冷冻保存，以备后续制作。

芦笋薄片

- 用黑松露切片器或刨丝器将芦笋刮成薄片，每份餐盘需要10片，所以一共应准备80片。将所有薄片的长度修整为9.5厘米，然后放在一个塑料保鲜盒中，将细砂糖和水一起煮沸，把糖浆倒在芦笋薄片上。用保鲜膜将塑料保鲜盒封好，冷藏保存。

芦笋奶油
- 全脂牛奶75毫升
- 液态鲜奶油75克
- 玄米茶7克
- 吉利丁3片
- 白奶酪410克
- 细砂糖20克

装饰工序
- 布里欧修面包1份
- 帕玛森干酪1块
- 梅耶柠檬2个（1个取果肉，一个取表皮碎屑用于装饰）
- 特级初榨橄榄油

芦笋奶油

- 前一天晚上，将全脂牛奶和液态鲜奶油煮沸，关火后加入玄米茶。用保鲜膜封好容器，冷藏静置一晚使其浸味。第二天，将混合物用筛网过滤，称量液体重量，重新倒回部分滤出的全脂牛奶和鲜奶油的混合物使最终混合物的重量达到157克。将吉利丁片放入微波炉中融化，加入白奶酪和细砂糖，充分混合均匀，放入装有气弹的奶油枪中，冷藏保存。

完成和装饰

- 用火腿切刀将布里欧修面包切成24片厚度为1.5毫米的面包片。将它们放在制作劈柴蛋糕的半圆长条模具中形成弯曲弧度，放入烤箱中加热几分钟使表面酥脆。

- 用大孔刨丝器将帕玛森干酪刨成丝，放置于防粘烤盘上。放入烤箱以180℃烘烤几分钟。出炉后静置冷却。如果您想提前进行该步骤，请将冷却后的焗帕玛森干酪"瓦片"放于干燥处保存。

- 将梅耶柠檬去皮。按照纹路用尖刀取出一瓣瓣不带透明薄果皮的果肉，把每一瓣果肉切成3小块。

- 将冷冻好的芦笋奶油放入冰激凌机中制作冰激凌。

- 将芦笋薄片卷成小卷，每10个为一组，竖立摆在餐盘中央，组成直径为8厘米的圆形圈。在每个芦笋卷中间，放上一块柠檬果肉，用奶油枪挤出芦笋奶油，围绕住芦笋卷组成的整个圆形。放上少许焗帕玛森干酪碎片，滴上一条橄榄油细线。在芦笋卷上放上3个芦笋冰激凌小丸子，在每一个上面点缀一条新鲜刮出梅耶柠檬皮细条，和一片酥脆的布里欧修面包片。撒上一些之前步骤残留的芦笋侧芽。最后撒上少许大粒粗黄糖以整体调味。

榛子蛋白霜

— 搭配陈年帕玛森干酪和柠檬沙司 —

8人份

准备时间：1小时（白奶酪奶油需在前一天晚上制作）

烘焙时间：3小时

白奶酪奶油
- 白奶酪100克
- 细砂糖10克
- 片状吉利丁4克
- 风味奶油100克

榛子蛋白霜
- 蛋清150克
- 细砂糖225克
- 榛子碎适量

法式果仁酱
- 细砂糖66克
- 水22毫升
- 白榛子100克
- 盐之花1克

柠檬沙司
- 水200毫升
- 细砂糖10克
- 马铃薯粉6克
- 柠檬汁25克
- 柠檬皮碎屑1.5克

装饰工序
- 帕玛森干酪1块
- 柠檬（1~2个），取表皮碎屑用
- 榛子碎适量

白奶酪奶油

- 前一天晚上，用料理棒将白奶酪和细砂糖搅拌混合。将吉利丁片放入微波炉中加热至融化，加入混合物中。将风味奶油打发（注意：风味奶油很容易结块。切勿过分打发，应使奶油保持柔软的质地）。用软抹刀将混合物与风味奶油混合，放入套有10号裱花嘴的裱花袋中，冷藏保存至第二天。

榛子蛋白霜

- 将烤箱预热至180℃。将蛋清打发，同时一点一点加入细砂糖，并用喷火枪稍微加热。当奶油足够紧实的时候，放入套有苏丹嘴（圆环状齿花嘴）的裱花袋中，在模具反面挤出小巧玲珑的花朵形状。做出48个相同样式的蛋白霜。撒上榛子碎，放入烤箱烘焙3小时。如果蛋白霜不够干燥，可以加长烘焙时间。

法式果仁酱

- 将细砂糖和水一起煮热至180℃，以温度计测量为准，加入白榛子。持续搅动和翻转，将糖浆不断聚集在榛子四周。继续搅动，直至果仁被焦糖包裹。将混合物铺在烤盘或烤垫上，加入盐之花。静置待其冷却，然后用搅拌机搅碎。不要将混合物搅碎成过于丝滑的果仁酱，最好保留一些颗粒感。

柠檬沙司

- 将除柠檬皮碎屑除以外的其他所有配料低温混合，然后煮沸1分钟。加入柠檬皮碎屑，静置待其冷却，保存备用。

装饰工序

- 用刨丝器将帕玛森干酪刨成碎屑。将蛋白霜底部填上白奶酪奶油，同时在中间留出一个小空心，以填充法式果仁酱。把两个蛋白霜带有奶油的底部对贴组合。每份餐盘放置3组蛋白霜。在整个餐盘上撒上大量帕玛森干酪屑和柠檬皮碎屑。加上一些榛子碎，搭配柠檬沙司一同享用。

晚宴甜点

大黄

8人份

准备时间: 2小时，另加冷却时间
静置时间: 24小时（蛋白霜和大黄汁需在前一天晚上制作）

法式蛋白霜
- 蛋清100克
- 细砂糖100克
- 糖粉40克

大黄汁、大黄薄片、半熟大黄糖果
- 大黄4千克
- 细砂糖300克

水煮大黄
- 细砂糖200克
- 水1000毫升
- 石榴糖浆适量
- 之前步骤中保留的大黄

法式蛋白霜

- 用搅拌机将蛋清和细砂糖一起打发至紧实状态，停止打发，用软抹刀拌入糖粉后，将混合物放入装有圆形平口嘴的裱花袋中，在烤垫上挤出水滴状蛋白霜，然后用蘸过水、湿润的小勺子背面将蛋白霜压扁，放入恒温烘箱保存一晚。

大黄汁、大黄薄片、半熟大黄糖果

- 该步骤的所有的工序都需在前一晚上进行。先将大黄切成薄片: 清洗大黄，轻微去表皮，擦干后切出40多个1厘米厚的小薄圆片（每份餐盘需要5片），保存备用。另保留一部分大黄以备水煮。

- 将刚才切大黄的余料和最后剩下的一小部分放入榨汁机中榨汁。以小火加热大黄汁，不要煮沸，撇去泡沫，然后用布制滤袋过滤。大黄汁应呈粉红色、半透明状态。

- 制作半熟大黄糖果时，取250毫升大黄汁，与细砂糖一起煮沸，静置待其完全冷却。将大黄片和糖浆混合，一起放入密封保鲜袋中。冷藏保存进行腌制。

水煮大黄

- 将细砂糖和水混合煮沸制成糖浆，加入适量石榴糖浆以调至成您喜欢的颜色深度。将之前保留用于水煮的大黄用刨丝器刨成1.4毫米厚的薄片，放在不锈钢盆里，倒入煮沸的糖浆，用保鲜膜将容器密封好，静置待其冷却。确认口感和熟度: 大黄片应被糖浆煮熟但仍保留爽脆口感。如果没有熟透，可回收糖浆，煮沸后重新浇在大黄片上，用保鲜膜将容器密封好，静置待其冷却。

山羊奶酪慕斯

- 白奶酪80克
- 冷鲜山羊奶酪90克
- 吉利丁2片
- 液态鲜奶油100克

大黄沙司

- 大黄汁190毫升
- 糖粉30克
- 黄原胶1.5克

大黄雪葩

- 大黄汁650毫升
- 葡萄糖粉140克
- 细砂糖30克
- 雪葩稳定剂4克
- 石榴糖浆30克

装饰工序

- 柠檬罗勒嫩叶少许

山羊奶酪慕斯

- 将白奶酪和冷鲜山羊奶酪混合。将吉利丁片放入微波炉中加热至融化，掺入混合奶酪中。将液态鲜奶油打发，也叠入混合物中。将慕斯放入套有6号圆形平口嘴的裱花袋中。冷藏保存。

大黄卷

- 将大黄薄片沥水，铺在吸水纸上去除水分。在薄片上用裱花袋挤成细长形的山羊奶酪慕斯，将薄片裹着慕斯卷成细长卷。把所有大黄片卷好后放入冰柜中冷冻保存，以备后续再加工。

大黄沙司

- 将大黄汁和糖粉、黄原胶一起混合均匀，冷藏保存。

大黄雪葩

- 将大黄汁和葡萄糖粉一起煮沸。加入细砂糖和雪葩稳定剂，再次煮沸后加入石榴糖浆。静置待其冷却，放入制冰机制成雪葩。放入冰柜冷冻保存。

装饰工序

- 将卷有山羊奶酪慕斯的大黄卷从冰柜中取出，每份餐盘所需大黄卷的长度分别如下：3.5厘米、7厘米、8.6厘米、10.3厘米、14.6厘米、16.6厘米、13.6厘米、12.2厘米、9.7厘米、8.1厘米。

- 将大黄卷按照以上长度顺序摆放在餐盘上。用刷子在上面刷上大黄沙司。在上面放上几个水滴蛋白霜，并在每个蛋白霜上放上一小团大黄雪葩。以柠檬罗勒嫩叶和半熟大黄糖果点缀。搭配大黄沙司享用。

梅耶柠檬

梅耶柠檬是原产地为中国的柑橘类水果，却在加利福尼亚广受喜爱。它是柠檬和橘子的杂交品种，果皮较薄且软，明黄中泛着橙色。梅耶柠檬具有与众不同的浓郁果香，因此我十分喜欢用它来制作甜点。操作过程中如果因为果皮太过柔软而不易刮取碎屑，可以将它放入冰柜冷冻半小时再进行处理。

8人份

准备时间：2小时（千层酥皮另需24小时，蛋白霜另需36小时）
静置时间：1小时
烘焙时间：20分钟

千层酥饼皮
- 45号面粉430克
- 55号面粉185克
- 精制黄油95克
- 水270毫升
- 盖朗德盐15克
- 黄油块500克

柠檬
- 梅耶柠檬16个（可多备少许以榨取足够的檬汁）

梅耶柠檬皮碎屑糊
- 梅耶柠檬皮碎屑150克
- 梅耶柠檬汁220毫升
- 细砂糖80克

柠檬沙司
- 马铃薯粉2克
- 之前步骤中余留的柠檬汁200毫升

千层酥饼皮

- 将面粉过筛，放入搅拌机容器中。将精制黄油化开。将水和盖朗德盐混合，加入面粉中，同时加入化黄油。当面团搅拌均匀时，将它从容器中取出，按压成正方形，用保鲜膜包裹好，冷藏静置24小时。将方形面团铺好，在中间放上黄油块，黄油块的面积应相当于面团的一半。将面团的四角向中心折叠，把黄油块盖住，折角接缝处捏紧，将黄油密封在面团里，按照以下加工步骤重复5遍：每一遍都需要先把面团擀成长方形，再以钱包的方式折叠，冷藏、静置1小时。在结束第5遍加工后，再额外冷藏静置1小时，擀成3毫米厚、40厘米宽、60厘米长的饼皮。冷藏保存。

柠檬

- 用刮皮器取柠檬表皮碎屑（仅带颜色部分），将果皮完全剥去，用尖刀取出不带透明薄果皮的果肉，把剩余的部分放入榨汁机榨成柠檬汁。

梅耶柠檬皮碎屑糊

- 将柠檬皮碎屑放入料理机中粗略搅碎。加入梅耶柠檬汁和细砂糖，静置1小时使其浸味，然后重新轻微搅拌。用筛网过滤并挤压，以获得尽可能多的果汁。将果汁保存以备后续步骤中使用。

- 将柠檬皮碎屑再放入料理机中重新进行搅拌，直至成为均匀的糊状质地。如果柠檬皮碎屑糊过于干燥，您可以加入20毫升柠檬汁进行稀释。

柠檬沙司

- 将淀粉放入少许果汁中稀释，然后加入全部的果汁，一起倒入锅中煮沸。关火后待其冷却，冷藏保存。

柠檬慕斯
- 梅耶柠檬皮碎屑糊150克
- 甜炼乳90克
- 奶油90克
- 液态鲜奶油180克

棕榈叶酥
- 千层酥饼皮（具体做法参见第104页）
- 细砂糖适量

蛋白霜
- 蛋清110克
- 细砂糖170克

食用搭配
- 奶油

柠檬慕斯

- 用软抹刀将柠檬皮碎屑糊、甜炼乳和风味奶油混合。将液态鲜奶油轻微打发至呈慕斯状即可，不要过度打发，并用软抹刀将其叠入混合物中，一起装入裱花袋。

棕榈叶酥

- 将烤箱预热至200℃。将之前步骤制作好的千层酥饼皮平均竖切成3份。把每一份擀成1毫米厚的面皮。把3份面皮重叠摞在一起，并预先在每一层上面撒上33.3克左右的细砂糖（3层共计100克）。用擀面杖把复合面皮轻微擀压，使其总厚度保持在4.5毫米，然后放入冰柜冷冻使其变硬。将面皮切成多份长度为22厘米的长条，每3条并排粘在一起，做出如照片中的波浪状造型。您可以借住圆柱形器具来制作塑造波浪造型，也可以保持平整造型。

- 将所有的面皮都按照上述步骤操作。

- 将棕榈叶酥放置于防粘烤盘上，放入烤箱烘焙20分钟。

蛋白霜

- 用搅拌机将蛋清打发。当蛋白霜蓬发至一半时，将器皿隔水加热至50℃，然后继续用搅拌机打发至紧实状态。借助水滴形状的硬纸镂花模板，在烤垫上做出水滴形蛋白霜。将所有水滴形蛋白霜小心地放在不锈钢半圆长条模具中，使其形成轻微弯曲弧度。放入烘箱中干燥36小时。

装饰工序

- 在每份餐盘中，竖着摆放两条棕榈叶酥。在中间挤上柠檬慕斯，至棕榈叶酥1/3的高度，以使其保持直立。

- 在慕斯上不规则地摆放无皮柠檬果肉，形成空间感。每份甜点需在果肉上放上4片水滴蛋白霜，在每一片上倒上少许奶油，浇上柠檬沙司即可。

野生蓝莓夹心饼干

在这份晚宴甜点中，我借鉴了米歇尔·图瓦格洛的一道饼干食谱。

10人份

准备时间：**2小时**
静置和烘干时间：**5小时30分钟**
烘焙时间：**3小时45分钟**

夹心饼干
- 45号面粉250克
- 橄榄油35毫升
- 烤面包专用有机酵母30克
- 热水100毫升
- 盐之花10克

蓝莓汁
- 野生蓝莓500克
- 细砂糖50克

蓝莓粉
- 制作蓝莓汁时剩余的蓝莓110克
- 细砂糖8克
- 蛋清15克

蓝莓果酱
- 制作蓝莓汁后可重复使用的蓝莓
- 细砂糖适量

夹心饼干

- 将45号面粉和橄榄油混合，糅合出均匀的沙状质地的面团。将有机酵母和热水混合，加入面团中，最后加入盐之花。放入搅拌机以中速搅拌20分钟。将面团放入容器中，用保鲜膜密封好，在常温下静置30分钟，待其醒发。

- 将烤箱预热至220℃。将面团按压成较细长的长方形，以折钱包的方式将其折叠（先将左边1/3向中间折叠，然后将左边1/3向中间折叠）。用擀面杖轻柔擀压面团，擀成厚度为8毫米的面饼。将面饼裁切出边长为8厘米的正方形饼干坯，放置于烤盘上。将烤箱温度立刻调至170℃，将烤盘放入烤6分钟，然后将饼干坯翻面，再烤4~5分钟即可。不要使饼干过度着色。

蓝莓汁

- 将所有配料用小火隔水加热1小时。用筛网过滤，保存果汁，回收果肉以制作果酱。

蓝莓粉

- 将所有配料混合，尽可能薄地铺在烤垫上。放入烤箱以70℃烘干4小时，用搅拌机研磨成粉末，放在干燥且密封的容器中保存。

蓝莓果酱

- 将果肉称重，然后加入相当于其重量40%的细砂糖，一起放入锅中烧热至沸腾后，用小火慢煨，直到果酱呈黏稠状（不要用搅拌机搅拌）。

水果蛋糕冰激凌
- 全脂牛奶200毫升
- 蛋黄80克
- 波旁香草荚1/2根
- 粗黄糖30克
- 优质奶油100克

蛋白霜
- 蛋清60克
- 细砂糖60克
- 糖粉60克

甜饼
- 化黄油150克，另备少许用于给模具抹油
- 糖粉95克
- 杏仁粉30克
- 鸡蛋1个
- 盐之花1克
- 香草荚1/2根（仅取用香草籽）
- 55号面粉250克

蓝莓混合料
- 新鲜蓝莓300克
- 蓝莓果酱90克

奶油沙司
- 风味奶油250克
- 鲜奶油12.5克

水果蛋糕冰激凌

- 将波旁香草荚剖开后取籽，放入全脂牛奶中一起煮沸，关火。用打蛋器将蛋黄和粗黄糖一起打发至均匀且呈流动状（当提起打蛋器时，混合蛋液可连续、均匀地像一条丝带一样滴至碗中）。一点点加入热牛奶，同时用打蛋器不停搅拌，然后一起用中小火加热，持续搅动至混合物质地变厚。将混合奶油用筛网过滤，直接倒在优质奶油上。用料理棒将奶油搅拌混合，放入烤箱中以130℃的热风模式烤40~45分钟。奶油中心质地应呈紧实状。静置待其冷却。放入降温箱或者冰柜中加强硬度，然后搅拌至均匀、丝滑状态。将奶油放入冰激凌机专用容器中冷冻保存，注意此奶油不适合用普通制冰机制作冰激凌。

蛋白霜

- 用搅拌机将蛋清和细砂糖一起打发，然后用软抹刀叠入糖粉。将混合物放入套有8号平口嘴的裱花袋中。在烤垫上挤出约为烤盘长度的香肠形蛋白霜，放入烤箱以90℃烘焙1小时。

甜饼

- 将化黄油和糖粉、杏仁粉一起混合。加入鸡蛋、盐之花和香草籽。将面粉过筛，然后仔细地掺入混合物中，细致搅拌至质地均匀后揉成面团。将面团按揉成圆球形，用保鲜膜包裹好，放入冰箱冷静置1小时。

- 将烤箱预热至160℃。用擀面杖将面团擀成2毫米厚的面皮，将其放置于烤盘上，放入烤箱烘焙20分钟。出炉后静置待其冷却，然后将饼皮掰碎成小片。

组装工序

- 将奶油放入冰激凌机中制作冰激凌。将冰激凌装入裱花袋中。将新鲜蓝莓和蓝莓果酱混合，制成蓝莓混合料。将风味奶油和鲜奶油混合，制成奶油沙司。

- 在每块夹心饼干的底部钻一个小洞，用裱花袋向里面挤入冰激凌。一并填入蓝莓混合料，然后填入蛋白霜碎块，最后再加入少许冰激凌。注意，请尽可能填充足量的内馅，但冰激凌比例不要过高，蓝莓混合料比例也不能太少。

- 用甜饼碎片挡住夹心饼干的小洞，以防止内馅流到餐盘上。

- 将夹心饼干放置于每份餐盘的中央，现场为食客用奶油沙司淋面，最后用小漏勺在上面撒上蓝莓粉即可。

野生黑莓鲜奶油蛋白霜

8人份

准备时长：**1小时**
烘焙时间：**2小时15分钟**

舒芙蕾蛋白霜
- 冷鲜蛋清150克
- 细砂糖160克
- 过筛糖粉70克

鲜奶油
- 鲜奶油110克
- 风味奶油200克

黑莓汁
- 野生黑莓1000克
- 黑莓利口酒50毫升
- 杜松子酒20毫升

黑莓酱汁
- 黑莓汁225毫升
- 马铃薯粉3克

食用搭配
- 浓稠淡奶油200克
- 糖粉适量

舒芙蕾蛋白霜

- 将烤箱预热至125℃，开启热风模式。用搅拌机将冷鲜蛋清打发，同时加入细砂糖。停止搅拌后用软抹刀加入过筛糖粉。将奶油放入裱花袋，在烤垫上放置直径为4.5厘米的圆形镂花模具，按照模板挤出蛋白霜。一共做出8个蛋白霜，放入烤箱烘焙1小时30分钟。

鲜奶油

- 将两种奶油混合搅拌，不要打发得过于紧实。将奶油装入装有圆环形裱花嘴的裱花袋，冷藏保存。

黑莓汁

- 将所有配料混合，以90℃隔水加热45分钟（用保鲜膜将容器密封好）。静置冷却后，用布制滤袋过滤，过滤出的黑莓果肉可用来制作果酱。

黑莓酱汁

- 用少许黑莓汁将马铃薯粉稀释后，加入黑莓汁。将混合物倒入锅中略微煮沸，冷藏保存。

装饰工序

- 将浓稠淡奶油放入不带裱花嘴的裱花袋中。将舒芙蕾蛋白霜放置于椭圆形餐盘中央，用浓稠淡奶油把上面的凹陷和气孔填满，需精细掌握，切勿超量。里面放入足量野生黑莓。在每个圆形蛋白霜顶部，用带有苏丹嘴的裱花袋画成相同花形，再摆上足量野生黑莓。撒上糖粉，之后在每个蛋白霜顶部淋上一勺黑莓酱汁。

晚宴甜点

三个维度

La Table de l'Espadon餐厅的甜点菜单名为《奖励》。我十分钟爱这个名字，"如果你不乖，就没有甜点给你吃哦！"谁小时候没有听过这句话呢？从来没有人会威胁你说，不给你吃酥皮包肉冻啦！这足以可见后者的基本重要性。而甜点对食客而言更像是一份**奖励**，如图"蛋糕上的樱桃"，它能给食客带来额外的**快乐**。这份渴望就根植在我们的基因当中。"那件疯狂的小事"是贯穿我们一生的念想，标记出所有**令人幸福的事件**：洗礼、生日、节日、成功、结婚、重逢……还有那环绕在唇齿间的菜肴余味，它应该是一个完美的结束，一场宏大、美妙的救赎。在La Table de l'Espadon餐厅，我们希望这份"奖励"更加异彩纷呈。人们在品尝甜点时，先是浅尝，继而体会到甜品之美、糖果之趣。同一甜点所能够唤起人们的所有**感触**与**惊喜**，都蕴含在这三种表达里。我喜欢这个构思，就好像第一件奖品里还藏着第二件、第三件一样。我们想要创造出这种夺得了赛马前三名独赢的满足感，好让La Table de l'Espadon的客人们每每回想都是**满心的欢喜**。

焦糖布丁

当我们新创一种甜点时，首要目的是尽可能地吸引和聚集更多的人，令他们感到满足和快乐。焦糖布丁就是这样一个可以俘获众人心的甜点。这也是我想改良这个传统甜点的原因，我希望给它增添一份浓厚，同时保持它的丰富和饱满。

焦糖和牛奶慕斯

8人份

准备时间：20分钟

焦糖
- 细砂糖200克
- 常温精制黄油碎块200克
- 凉水35毫升

牛奶慕斯和装饰工序
- 冷鲜全脂牛奶400毫升
- 盐之花适量

焦糖

- 将细砂糖加热至呈焦糖状，一点一点加入常温精制黄油碎块将焦糖进行稀释。加入凉水。如果混合物不够均匀，可用料理棒搅拌。放在塑料盒中冷藏保存。

牛奶慕斯

- 将冷鲜全脂牛奶煮沸，关火后，用料理棒搅拌成慕斯质地。静置片刻待其自然回落，将较紧实的部分装进未套有裱花嘴的裱花袋中。

装饰工序

- 将焦糖装进无裱花嘴的裱花袋中。

- 在一件小盛器中，挤出一小团牛奶慕斯。

- 用裱花袋将焦糖在慕斯上挤出蛇纹形，然后撒上少许盐之花即可。

浅尝润味

蛋白霜与黄金酥脆杏仁

8人份

准备时间：2小时（用于制作香草冰激凌的牛奶需在前一天晚上浸味）

烘焙时间：32分钟

香草冰激凌
- 波旁香草荚5根
- 全脂牛奶420毫升
- 转化糖20克
- 浓稠鲜奶油165克
- 蛋黄100克
- 奶粉35克
- 葡萄糖粉100克
- 蛋清100克

黄金酥脆杏仁
- 水100毫升
- 细砂糖130克
- 杏仁片100克

蛋白霜
- 冷鲜蛋清150克
- 细砂糖160克
- 过筛糖粉70克

干焦糖
- 糖500克
- 热水50毫升

焦糖布丁
- 鸡蛋440克
- 蛋黄4个
- 细砂糖100克
- 冷鲜全脂牛奶1600毫升

漂浮之岛焦糖
- 细砂糖250克
- 热水100毫升

香草冰激凌
- 前一天晚上，把香草荚从中间剖开，用刀沿内壁刮下香草籽。将全脂牛奶与转化糖、浓稠鲜奶油、香草荚和香草籽混合煮沸。将容器封好，静置待其冷却并放入冰箱中冷藏保存一晚浸味。第二天，用打蛋器将蛋黄搅匀。将牛奶重新煮沸，同时加入奶粉和葡萄糖粉。静置片刻，将一小部分温热混合牛奶加入蛋黄中，同时仔细搅拌。加入剩余部分后，像制作英式奶油酱一样，将混合物重新加热至82℃（奶油呈流动状：浓稠至可以在附着在抹刀上，用指尖划过可以看到清晰且不会消失的印记）。用筛网过滤奶油，静置待其完全冷却，倒入蛋清液。放入制冰机中制成冰激凌，然后将其放入冰柜冷冻保存。

黄金酥脆杏仁
- 将烤箱预热至180℃。将细砂糖和水混合一起加热至30℃，制成糖浆。挑选外形最美观的杏仁片，浸泡在糖浆中，拿出放在烤垫上，放入烤箱烘焙5～10分钟，直至杏仁片变成漂亮的金黄色。

蛋白霜
- 用搅拌机将蛋清和细砂糖一起打发：蛋白霜应呈紧实状，无颗粒感。停止打发后，用软抹刀混入糖粉。将蛋白霜放入套有苏丹花嘴（呈圆环状的大号齿花嘴，内壁平滑，用于制作可露丽）的裱花袋中，挤出40个直径为3～4厘米的竖直圆柱体，底部切勿堆叠。放入冰柜冷冻保存。

干焦糖
- 用小火将糖烧热，直至形成轻微生烟的赤褐色焦糖。加入热水进行稀释，然后将其平分后倒入8个直径为12厘米、高度为2厘米的圆形模具中。

焦糖布丁
- 将烤箱预热至90℃。将水加热至微微滚动。准备一个边沿较深的烤盘。
- 用打蛋器将鸡蛋、蛋黄和细砂糖一起搅拌至泛白。取800毫升冷鲜全脂牛奶，加热至沸腾，倒入混合物中，充分搅拌。加入剩余的冷鲜全脂牛奶。将混合物倒入圆形模具中的干焦糖上，每个模具中计量倒入200克。将滚水倒入深烤盘中，把模具放在烤盘上，将每个模具都用保鲜膜封好，放入烤箱中烤22分钟。出炉时即可揭掉保鲜膜。

漂浮之岛焦糖
- 将细砂糖烧热直至形成赤褐色焦糖。加入热水进行稀释，然后冷藏保存。

组装工序
- 进行组装工序之前，先用裱花袋把香草冰激凌挤在蛋白霜凹陷处，放入冰柜冷冻保存。
- 将焦糖布丁脱模时，用尖刀沿模具内部划圆，使奶油和内壁分离，已经划过的部分切勿再重复。将模具中多余的焦糖倒出再脱模。将每个模具扣在餐盘正中央，然后脱模。在每份焦糖布丁上，沿圆圈摆放5个填有冰激凌的蛋白霜，然后在每个蛋白霜上面放上5片黄金酥脆杏仁片，最后在蛋白霜顶部填上漂浮之岛焦糖。

俄罗斯香烟卷

8人份

准备时间：**20分钟**
静置时间：**1小时**
烘焙时间：**5分钟**

- 45号面粉200克
- 黄油145克
- 糖粉200克
- 盐4克
- 蛋清200克

- 将面粉过筛。将黄油软化至呈软膏状。掺入糖粉、盐，加入过筛面粉，最后倒入蛋清。揉匀后将面团放入冰箱冷藏静置至少1小时。

- 将烤箱预热至200℃，使用热风模式（专业落地烤箱请使用第四挡热风模式）。

- 将面团放在防粘案板上擀平，不要擀得太薄。手工或使用镂花模板制作出8张长15厘米、宽6厘米的长方形面皮。放入烤箱烘焙5分钟，使其变为金黄色。出炉时，即刻趁热将面皮沿着直径为1.5厘米的长管模具卷起来，该步骤的制作要点是出炉后先将面皮翻个面再卷起来。静置待其冷却，抽去长管模具即可。

糖果之趣

草莓

草莓这种水果，我喜欢拿它蘸着奶油和糖一起吃。在一大盒子草莓里，总有特别好吃的，有让人惊喜的，也有让人失望的。所以我想做出保证每一颗草莓都成功的甜品，能够突显水果的美味，再包裹上晶莹剔透的镜面淋酱，同时加入奶油和糖，因为它们搭配起来是如此的和谐美妙。

**搭配果酱、
布拉塔奶酪、
橄榄油和酸醋**

8人份

准备时间：**10分钟**

- 布拉塔软奶酪球2个
- 制作草莓甜点剩余的草莓果酱（参照下一道食谱）
- 草莓酸醋或者初级发酵巴萨米香醋
- 特级初榨橄榄油
- 盐之花
- 塔斯马尼亚胡椒（放入旋转式研磨胡椒瓶）

- 仅选取布拉塔软奶酪球中心的奶油状部分用于制作此道甜品。

- 请参照下一道甜品食谱，回收剩余的草莓果酱用于制作此道甜品。

- 在一件小盛器中，滴入6滴草莓酸醋，或者6滴巴萨米香醋，使用初级发酵香醋以防止甜度过高。

- 放上2茶匙布拉塔奶酪，滴入4滴橄榄油，放入3个草莓或者3块果酱中的草莓果肉，淋一点点果酱中的酱汁，最后撒上一点盐之花和研磨后的塔斯马尼亚胡椒。

浅尝润味

希福罗特草莓搭配布雷斯奶油和粗黄糖

8人份

准备时间: **1小时30分钟**
烘焙时间: **2小时**

草莓汁
- 希福罗特草莓1.3千克
- 细砂糖75克

草莓果酱
- 希福罗特草莓750克（制作草莓果汁步骤中回收的果肉）
- 柠檬汁适量
- 细砂糖350克，混合黄果胶12克

果酱凝胶
- 片状吉利丁2克
- 草莓果酱350克

罗勒香烟卷脆皮
- 烘焙用或者小火烘干的罗勒叶5克
- 55号面粉100克
- 化黄油85克
- 过筛糖粉100克
- 常温蛋清105克
- 绿色可食用色素适量
- 盐适量

草莓淋面
- 草莓汁470克
- 水45毫升
- NH果胶9克
- 细砂糖18克

装饰工序
- 形状规则的大草莓1千克
- 风味奶油200克
- 粗黄糖适量

草莓汁
- 将草莓清洗干净，摘去叶子，放入不锈钢盆中，用保鲜膜封好，以微微沸腾的热水隔水加热1小时。用筛网过滤后，保存果汁，并将果肉回收以在下一步制作果酱。

草莓果酱
- 把草莓果肉和柠檬汁一起放入锅中加热。当温度达到50℃时，加入混合黄果胶的细砂糖。用小火慢煨1小时，直至形成果酱质地。无须进行搅拌。

果酱凝胶
- 将吉利丁片放入微波炉中融化。称取相应重量的草莓果酱（剩余的果酱可用于制作草莓系列浅尝润味甜点），加入融化的吉利丁片。

罗勒香烟卷脆皮
- 将烘干的罗勒叶搅碎成质地细腻的粉末，加入55号面粉一起过筛。

- 将化黄油和糖粉混合均匀。加入蛋清、盐，最后加入过筛的面粉和罗勒粉。加入适量色素以调制成您喜欢的颜色深度。将糅合好的面团放入密封的保鲜盒中，放入冰箱冷藏静置至少1小时。

- 将烤箱预热至170℃，开启热风模式。制作一个镂花模板：在一个硬纸板上裁出8种不同形状、直径均为4厘米的草莓底部叶子镂空花型。将镂花模板放置于烤垫上，把面团放在镂花模板上擀平，将印出的草莓叶面皮放入烤箱烘焙，时刻观察颜色变化，当草莓叶稍呈金黄色时即可出炉。从烤箱取出后，立刻将每一片草莓叶

放入直径为4厘米的半球模具底部，使其形成圆弧度。静置待其冷却。

草莓淋面
- 将细砂糖和果胶细致混合均匀。将草莓汁和水一起煮热至60℃，加入细砂糖和果胶。继续加热至沸腾，同时保持微火煮沸的状态。持续沸腾1分钟左右关火，待其冷却后放入密封的保鲜盒，冷藏保存。使用前，放入微波炉稍稍加热，切勿加热至沸腾。淋面时应呈融化且低温状态。

装饰工序
- 将风味奶油适度打发，不要过度搅打，应使其呈柔软的慕斯质地。

- 将粗黄糖用筛网过滤，留取最粗的大颗粒备用。

- 将草莓清洗干净，摘去叶子，用吸水纸擦干。在每一颗草莓底部挖一个凹洞，并且在靠下的侧面切去一小部分，使其能够底部朝上稍微倾斜立起。在凹洞中填入果酱凝胶，然后将其放在半球模具中，使果酱凝胶能留在草莓中，等待凝胶中的吉利丁片发挥作用。

- 用竹签扎起草莓，细致、均匀地浇上一层薄薄的草莓淋面。在每份餐盘中放上6～7颗草莓，围成圆环形。先保留竹签以便调整草莓位置。一旦造型摆好后，将竹签拔去，并在每颗草莓底部摆上罗勒香烟卷脆皮叶子。

- 呈上餐桌后，现场为客人在草莓圆环中间放上新鲜打发好的奶油慕斯，整体撒上少许过筛的粗黄糖即可。

在这份食谱中，我没有精确配料的用量，因为您可以按照实际所需或者个人喜好来控制总量。当然了，您可以自己制作布里欧修，也可以去面包甜点店购买成品。

布里欧修吐司

8人份

准备时间：**10分钟（不包括准备和制作布里欧修的时间）**

烘焙时间：**5分钟**

- 布里欧修面包包1份（做法参见第28页）
- 可可脂粉末适量
- 软膏状黄油适量
- 草莓果酱适量（做法参见第120页原味草莓食谱）

- 将烤箱预热至140℃。将布里欧修面包切成厚度为2厘米的面包片，用直径为3.5厘米的圆形平滑模具裁切出面包块。将圆柱体形状的布里欧修面包块放在烤盘中，放入烤箱中烘焙至金黄色。出炉后撒上可可脂粉末。

- 在每块布里欧修吐司上放上一团大粒榛子大小的软膏状黄油，然后抹上草莓果酱即可。

糖果之趣

嘉麦雅巧克力

嘉麦雅是一种可可含量为73%的牙买加黑巧克力，100%由特立尼达可可豆制成，我非常喜欢它浓郁且厚重的可可香气。

协和蛋白霜，覆盆子冰沙

8人份

准备时间：1小时
静置时间：烘箱36小时；
冷冻约2小时

巧克力协和蛋白霜

- 糖粉30克
- 可可粉10克
- 冷鲜蛋清75克
- 细砂糖100克

覆盆子冰沙

- 水250毫升
- 细砂糖10克
- 覆盆子果醋30毫升

巧克力碎粒

- 巧克力200克

巧克力协和蛋白霜

- 将糖粉和可可粉一起过筛。将冷鲜蛋清打发至雪花状，同时加入细砂糖。当蛋白霜呈紧实状，将搅拌机以最高速继续运转3~4分钟，然后停止搅拌。用软抹刀将糖粉和可可粉加入蛋白霜中。混合时动作要轻，以防止蛋白霜体积回落。将混合物放入裱花袋。用硬纸板制作一个镂花模板：裁一块长方形硬纸板，在中间剪出一块宽2厘米、长15厘米的长方形镂空。将塑料围边剪成宽3.5厘米、长25厘米的长方形。借助长方形镂花模板，在塑料围边上精细地在上面挤上一层蛋白霜（不要挤在围边中间，从一角沿着长和宽的边缘挤），拿掉镂花模板，将塑料围边卷成圆柱体，用回形针卡住以防止围边散开。

- 在一张烤垫上铺上一层薄薄的蛋白霜，然后将圆柱体竖直摆上去，有蛋白霜的一边朝下摆放，以此形成一个带底的蛋白霜圆柱体。放入烘箱中干燥36小时。

覆盆子冰沙

- 用小火将水和细砂糖煮热，使其完全融合。加入覆盆子果醋。将混合物倒入保鲜盒中，放入冰柜进行冷冻。冷冻完成后，用叉子刮出冰沙。

巧克力碎粒

- 将巧克力放入料理机搅碎，然后过筛，只留下不带粉末的巧克力颗粒。注意不要过度搅拌，我们需要的是像粗砂一样的小颗粒，而不是粉末状的巧克力。

组装和完成

- 在每个蛋白霜底部放上一些巧克力碎粒，然后填上覆盆子冰沙。最后在上面再撒上少许巧克力碎粒。请即刻享用。

巧克力协和蛋白霜是贾斯通·勒诺特首创的甜品，在此我借该作品向他致敬。

浅尝润味

甜品之美

螺旋冰激凌帕菲搭配盐和胡椒

8人份

准备时间：2小时
静置时间：冷冻2小时，打发的淡奶油需在前一天晚上浸味
烘焙时间：2分钟

螺旋巧克力香烟饼
- 面粉88克
- 可可粉13克
- 软化的精制黄油100克
- 糖粉100克
- 蛋清105克

可可豆冰激凌舒芙蕾

准备步骤1：萨芭雍
- 蛋黄40克
- 粗黄糖25克
- 水20毫升

准备步骤2：意式蛋白霜
- 粗黄糖60克
- 蛋清30克
- 水2毫升

准备步骤3：可可味打发淡奶油
- 鲜奶油180克
- 磨碎的可可豆60克
- 搅碎的可可碎仁14克，用于完成工序

用于调味的混合可可碎仁
- 研磨的可可碎仁粉末50克（质地较厚重）
- 贡布红胡椒1.6克
- 盐之花5克

巧克力甘纳许
- 巧克力60克
- 风味奶油150克

螺旋巧克力香烟饼

- 将烤箱预热至250℃。将面粉和可可粉一起过筛。将软化的精制黄油和糖粉一起搅拌至轻薄奶油状。加入蛋清，然后加入过筛的面粉和可可粉。选用长度为45厘米、宽度为5厘米的长方形不粘烤盘，在上面精细地铺上一层面糊，用巧克力刮梳刮出细丝，注意最后在尽头留出1厘米的完整面糊。放入烤箱中烘焙2分钟：不要远离烤箱，要全程观察烘焙进展。出炉时，立刻将面丝绕着直径为3.3厘米的铜制圆管模具卷起来，静置冷却。

- 为了制作出8个长度14～15厘米的螺旋巧克力香烟饼，需要制作3个上述圆筒，故使用3个相同规格的烤盘和圆管模具。

可可豆冰激凌舒芙蕾

- 如果您使用搅拌机制作冰激凌舒芙蕾，我建议您将所有配料用量增加一倍，以方便进行准备工作。请先完成3个准备步骤，然后再进行组合。

- 萨芭雍：将蛋黄轻微搅拌均匀。将20毫升水和粗黄糖一起煮热至115℃，以温度计测量为准。将其倒入打匀的蛋黄中，同时用力搅动。

- 意式蛋白霜：将粗黄糖和水一起加煮热至118℃，以温度计测量为准。在此期间，用搅拌机将蛋白霜打发，当蛋白霜呈紧实状态时，保持搅拌机运行，同时将热糖浆呈细线状倒入蛋白霜中。继续搅拌蛋白霜至冷却。

- 可可味打发淡奶油。

- 前一天晚上，将鲜奶油和可可豆混合，放入冰箱静置24小时使其浸

味。第二天，将混合物用筛网过滤，然后补充少许鲜奶油使其达到180克的初始重量。冷藏保存。在组合使用时，将其打发成香缇奶油。

- 当3个准备步骤都完成之后，将浸味的鲜奶油打发。先将萨芭雍和意式蛋白霜混合，然后叠入打发的可可味淡奶油。最后加入搅碎的可可碎仁。

- 将混合物放入3个直径为3厘米、长度为40厘米的塑料管中。将其放入冰柜加强硬度，然后切成8个长度为13厘米的圆柱体，放入冰柜冷藏。

用于调味的混合可可碎仁

- 将所有配料放入料理机研磨成质地较为厚重的粉末。

巧克力甘纳许

- 将巧克力捣碎，放入一个大容器中。将风味奶油加热至沸腾，分2～3次倒在巧克力上，同时用软抹刀搅动，直至混合物呈均匀状态。巧克力甘纳许需要即刻使用。

装饰工序

- 享用前，将餐盘放入烤箱或者烘箱，以90℃加热。餐具应保持较高温度。请在最后一刻制作巧克力甘纳许。

- 用小号抹刀将冰激凌舒芙蕾从侧面仔细地放入螺旋巧克力香烟饼中，然后一起放置在餐盘中央。在两边共滴上3滴甘纳许。

- 用小漏勺在甜点上面撒上调味混合可可碎仁。

- 请即刻享用。

覆盆子

8人份

准备时间：40分钟
烘焙时间：7分钟

法式奶冻
- 蛋清75克
- 细砂糖60克
- 片状吉利丁2克

巧克力碎粒
- 巧克力200克

醋味覆盆子果酱
- 冷冻覆盆子500克
- 粗黄糖300克
- 柠檬汁20毫升
- 覆盆子果醋10毫升

法式奶冻

- 用搅拌机将蛋清和细砂糖一起打发，无须打发太过紧实。将片状吉利丁放入微波炉融化（当蛋清打好后再操作此步骤），趁热加入蛋清中，搅拌混合后停止搅拌。将混合物在烤盘中铺成厚度为1.5厘米的一层，并放入蒸箱中以80℃蒸3分钟（或者放在蒸锅中，蒸成紧实成形的奶冻）。静置待其冷却，用直径为2厘米的圆形模具圈切出圆柱体奶冻。

巧克力碎粒

- 将巧克力放入料理机搅碎，然后过筛，只留下不带粉末的巧克力颗粒。注意不要过度搅拌，我们需要的是像粗砂一样的小颗粒，而不是粉末状的巧克力。

醋味覆盆子果酱

- 将覆盆子和粗黄糖一起烧热至沸腾。加入柠檬汁烹煮片刻。将混合物一起搅拌，倒入锅中，用大火再次煮沸。烹煮3分钟，期间持续搅动。完成后倒入果酱瓶中冷藏保存。

- 取60克果酱，用筛网过滤去籽。加入覆盆子果醋。将混合物放入装有较细圆形平口花嘴的裱花袋中。

完成工序

- 将圆柱体法式奶冻在巧克力碎粒中滚动，然后在顶部中央放上一小团醋味覆盆子果酱。

糖果之趣

蜂蜜

蜂蜜算是我最钟爱的用料之一。它具有天然的美感和风味，对于我来说，它就是甜点界的鱼子酱。除了能够提供最高质量的糖分之外，它也拥有诸多丰富的味道。这是一种神奇的食材。我希望它是纯美的、庄重的，希望它可以保有本身的亮泽、细腻与能量，能够在各个维度中彰显自己优势。若是一件甜品的味道独特而美好便会被食客深深喜爱，而蜂蜜的诺言，就是不要在品尝的第一口就全部揭掉神秘的面纱，这是十分重要的！它所带来的惊喜应当始终贯穿品尝的过程：让你发现，使你遐想，不会一次性地把香味全盘托出，从而更好地引诱你臣服其下。这种撩人的欲望简直可以作为我制作甜点时的座右铭。

费赛尔奶酪，蜂蜜洋葱酱

8人份

准备时间：**30分钟**
烘焙时间：**4小时**

蜂蜜红洋葱果酱
- 红洋葱2个
- 葡萄籽油适量
- 板栗花蜜（用量详见食谱内容）

蛋白霜舒芙蕾
- 蛋清75克
- 细砂糖110克

装饰工序
- 白奶酪1大罐
- 冻干胡椒适量

蜂蜜红洋葱果酱

- 将洋葱剥皮，切成厚度为5毫米的薄片。平底锅中倒入葡萄籽油，稍稍加热。油热后，倒入洋葱片煸炒几分钟，不要使其变色。调至小火，加入2汤匙板栗花蜜。用小火将洋葱皮慢煨至糖渍状态（约1小时）。制作30克的洋葱果酱需要加入40克板栗花蜜。静置待其冷却，装入裱花袋，冷藏保存。

蛋白霜舒芙蕾

- 将蛋清打发，同时一点一点加入细砂糖，一起搅拌成蛋白霜，放入套有圆形平口嘴的裱花袋中。在烤盘中挤出圆球形蛋白霜，放入预热至110℃的烤箱以热风模式烘焙3小时。

装饰工序

- 沥出白奶酪的水分。选用深盘，在盘中央放入一勺白奶酪。用裱花袋在白奶酪上挤出蜂蜜红洋葱果酱。将蛋白霜掰碎摆在白奶酪上。将胡椒捣碎，均匀地撒在甜点上，请注意用量。

浅尝润味

甜品之美

蜂巢

8人份

准备时间：2小时
静置时间：12小时（用于制作蜂蜜冰激凌的混合物需要在前一天晚上准备），以及1小时的醒面时间
烘焙时间：25分钟

俄罗斯香烟卷饼皮
- 45号面粉200克
- 化黄油145克
- 糖粉200克
- 盐4克
- 蛋清200克

蜂蜜冰激凌
- 全脂牛奶30毫升
- 高温杀菌液态鲜奶油50克
- 蛋黄3个
- 洋槐蜂蜜40克
- 板栗花蜜20克
- 双味奶油40克

牛奶奶油枪
- 吉利丁3片
- 鲜奶油75克
- 牛奶75毫升
- 柠檬皮碎屑刮丝5克
- 细砂糖15克
- 奶酪410克

杏仁莎布蕾
- 去皮整杏仁200克
- 水15毫升
- 细砂糖75克
- 盐之花4克
- 烤杏仁油4克

梨味糖浆
- 梨4个（每人半个）
- 水500毫升
- 糖100克
- 白兰地40毫升
- 维生素C糖浆5克

装饰工序
- 板栗花蜜，装入裱花袋中
- 板栗花蜜1罐和蜂蜜勺1个

俄罗斯香烟卷饼皮

- 将面粉过筛。在化黄油中掺入糖粉和盐，加入过筛面粉，最后倒入蛋清。将面团放入冰箱冷藏静置至少1小时。将烤箱预热至170℃，开启热风模式。

- 将硅胶蜂巢模具放置于烤盘上，借助抹刀在模具上铺上一层薄薄的面皮，放入烤箱烘焙10分钟左右。当面皮开始变色时，取出烤盘，轻轻地揭开面皮使其脱模，重新放入烤箱烘焙片刻，然后取出，将面皮在热烤盘上翻面。用直径为12厘米的圆形平滑模具切出圆形饼皮，然后再次放入烤箱烘焙至呈漂亮的金黄色。出炉时，立刻将饼皮放入直径为16厘米的不锈钢圆盆里，再轻柔地在上面叠放上另一个直径为16厘米的不锈钢圆盆。

- 静置待其冷却，细致地将饼皮从圆盆中取出，放入密封性较好的保鲜盒中保存。

- 您可以将剩余的饼皮保存在冰箱或者冷柜中，用于制作蜂蜜糖系列果之趣甜点（详见下一食谱）。

蜂蜜冰激凌

- 将全脂牛奶和高温杀菌液态鲜奶油一起煮沸后关火。将蛋黄和两种蜂蜜混合搅匀，放入不锈钢盆中隔水加热至50℃（或者放入可加温搅拌机中搅拌）。将奶粉加入温热的牛奶和鲜奶油中，然后继续加温至80℃，以温度计测量为准。关火后，将混合物倒入混合好的蛋黄和蜂蜜中，再全部倒入锅中，用小火或中火继续加热，同时保持搅动，操作方法如同制作英式奶油酱。当奶油质地变厚重时，用筛网过滤并直接加入双味奶油中，混合均匀后放入密封性较好的保鲜盒中，冷藏保存。第二天，将奶油等量分盛在冰激凌机的专用容器中。

牛奶奶油枪

- 将吉利丁片放入微波炉中融化，和其他配料放入搅拌机容器中。将所有配料搅拌均匀，用筛网过滤，然后倒入一个大号奶油枪中。装好气弹，并用力摇晃。

杏仁莎布蕾

- 将去皮整杏仁放入预热至140℃的烤箱烘焙10分钟。

- 将水和细砂糖放入铜制浅盆中，煮热至沸腾，制成糖浆。继续加热至120℃，以温度计测量为准。加入仍然温热的杏仁。保持搅动使其成为莎布蕾（被糖浆包裹的杏仁）直至杏仁完全焦糖化。加入盐之花，最后加入烤杏仁油。立刻将其倒在温热的烤盘上，将杏仁逐个分开，不要粘连在一起。冷却后放入密封性较好的保鲜盒中干燥保存。

梨味糖浆

- 将梨去皮，去核。将果肉切成边长为1.5厘米的方形块。将其他配料一起煮沸，制成糖浆，静置冷却后加入小梨块。

装饰工序

- 将制作蜂蜜冰激凌的材料放入冰激凌机中制成冰激凌。

- 用刀将焦糖杏仁剁碎。将糖浆中的小梨块捞出放在吸水纸上沥干。选用深盘，将小梨块等量分装在每份餐盘中，加入焦糖杏仁碎（每份餐盘约放上3颗杏仁的碎粒）。呈螺旋状加入蜂蜜冰激凌，用裱花袋沿着螺旋纹路挤上板栗花蜜。用奶油枪在冰激凌上覆盖一层奶油，然后放上香烟卷饼皮。

- 准备好一罐板栗花蜜和蜂蜜勺，将甜点呈上餐桌后，现场为客人将蜂蜜倒在蜂巢上即可。

巧克力蜂窝

8人份

准备时间：30分钟（不含饼皮准备时间）
烘焙时间：8分钟

香烟卷饼皮
- 请参照上一食谱（蜂蜜系列甜点之美）制作，或者直接使用其制作过程中的余料

板栗花蜜黄油
- 化黄油50克
- 板栗花蜜75克

巧克力喷砂
- 可可脂125克
- 黑巧克力110克
- 可可酱砖40克

香烟卷饼皮

- 将烤箱预热至170℃。用擀面杖将面团铺擀在硅胶蜂巢模具上，并用直径为5厘米的圆形平滑模具切出圆饼。将圆饼放在烤盘上，放入烤箱烘焙至漂亮的焦糖色（烤7～8分钟），然后将蜂巢圆饼放进直径为4厘米的半球体模具中。用手指轻微细致地按压饼皮。静置待其硬化，然后小心地脱模。

板栗花蜜黄油

- 先将蜂蜜和软膏状黄油混合，然后将其放入装有较细圆形平口嘴的裱花袋中，放入冰箱冷藏保存。请在使用前1小时从冰箱中取出。

巧克力喷砂

- 将所有配料混合，隔水加热，然后用筛网过滤。使用时，将温热的混合物放入巧克力喷砂枪中。

装饰工序

- 将温热的喷砂物料放入喷砂枪中。在蜂窝的网状表面喷砂，静置待其凝结。确保装有蜂蜜黄油的裱花袋为常温状态，在每一格网巢里挤上板栗花蜜黄油，然后将蜂窝摆放在一把勺子上即可。

糖果之趣

榅桲果

我爱榅桲果，它之于我几乎如同玛德莲蛋糕之于普鲁斯特。它的颜色和香气十分特别。这是人们极少用到的水果：因为无法生食，所以我们不常想到它……我喜欢这种有颗粒感的果实，在舌尖玩味后用牙齿轻轻地一咬就裂开。它可以水煮，糖渍后制成饼皮或者果凝，我们可以感受到它的粗粒口感，即使水果本身已在其中化为无形。榅桲果这种微弱颗粒的质感实在是有种神奇的魔力。

中式点心

8人份

准备时间：25分钟
烘焙时间：4分钟

- 榅桲果沙司1滴管（做法参见第132页）
- 风味奶油500克
- 米皮8张
- 植物油少许（用于抹盘）
- 捣碎的粉红胡椒（较粗的碎片状）适量
- 煮榅桲汁120毫升

- 将榅桲果沙司放入套有圆形平口嘴的裱花袋中，可使用制作"榅桲果系列甜点之美"食谱制作过程中的余料。

- 将奶油搅拌打发至紧实且轻盈的状态，不要带有颗粒感。将其装入裱花袋中。

- 将米皮放入凉水中浸泡2分钟。制作中式点心时，将米皮捞出放在抹布上短暂控水，然后将米皮修整成正方形，在正中间挤上一团打发的奶油。用裱花袋在奶油

的四周和表面挤上榅桲果沙司。将四角米皮向中心折起，捏紧封好，剪掉多余的边料。

- 选用8个深盘，将盘中央抹上少许植物油，摆上小点心。用保鲜膜把盘子密封好，放在蒸箱中以90℃蒸3～4分钟，或者放在蒸锅中用小火蒸相同时长。

- 出炉或出锅后，去掉保鲜膜。撒上粉红胡椒碎片，将煮榅桲果汤汁加热，盛在沙司船中搭配享用。

我和米歇尔·特罗瓦格罗一起探索出这种烹饪方法。这道甜点将一种强烈的味道包裹在十分轻薄的外皮中，只用一小口就可以完全品味这种具有碰撞性的组合。

初尝润味

水煮榅桲果，水晶核桃，薄荷和打发鲜奶油

8人份

准备时间：**1小时30分钟**
静置时间：**2小时**
烘焙时间：**5小时15分钟**

瑞士薄荷奶冻
- 新鲜瑞士薄荷叶11克
- 冷鲜蛋清140克
- 细砂糖110克
- 吉利丁片3克

核桃玻璃糖片薄脆
- 细砂糖225克
- 薄脆片225克（或者可丽饼蛋卷碎）
- 核桃粉110克

水煮榅桲果
- 榅桲果8个
- 细砂糖1000克
- 水5升
- 柠檬汁25毫升

榅桲果沙司
- 柠檬汁5毫升
- 水100毫升
- 煮榅桲果汤汁230毫升
- 榅桲果果醋3毫升
- 黄原胶2克

瑞士薄荷奶冻

- 将薄荷叶轻柔捣碎，不要过于软烂，以防止叶子变黑或者削减香味。

- 将蛋清打发，加入细砂糖搅拌均匀。将吉利丁片放入微波炉中融化，加入薄荷叶碎。将混合物倒入装有较细圆形平口嘴的裱花袋中，在烤垫上挤出最大直径为1.5厘米的小圆球。放入蒸箱或者蒸锅中蒸3分钟，冷却后放入冰箱中冷藏保存。

核桃玻璃糖片薄脆

- 将细砂糖烧热至呈棕色焦糖状，倒在放置于烤盘中的烤垫上，静置待其冷却。现将糖片搅碎一次，静置2小时，然后和薄脆片、核桃粉一起再次搅拌。将混合物放在密封性较好的保鲜盒中保存。

- 将烤箱预热至175℃。借助镂花模板，将混合糖粉在烤垫上撒出16个细长等腰三角形。放入烤箱中烘焙5分钟。出炉后，用直径为24厘米的圆形模具圈将三角形糖片薄脆加工成弯弓形弧度（如图所示）。

水煮榅桲果

- 将榅桲果去皮，细致地去核，平均切成8瓣。将细砂糖、水和柠檬汁一起煮热，制成糖浆。加入榅桲果，盖上和锅口大小相匹配的圆形纸片，用微火慢煨5小时，不要使其沸腾。当榅桲果被煮成漂亮的粉红色时，关火，静置待其冷却。

榅桲果沙司

- 将所有配料一起低温搅拌。吸入滴管中，冷藏保存。

榅桲果淋面酱（该部分的配料说明在下一页）

- 将水和果汁一起加热。温度升至60℃时，加入果胶和糖的混合物，请注意一定要使其充分溶解，然后加热至沸腾，煮2分钟。用筛网过滤，静置待其冷却，然后加入醋和白兰地。使用时应呈融化且低温状态。

水晶核桃（该部分的配料说明在下一页）

- 将细砂糖和水一起煮热至沸腾，制成糖浆。静置待其冷却至30℃。将烤箱预热至180℃。

- 把青核桃仁用刨丝器刮出形状工整的核桃薄片。用镊子挑选外形最为美观的核桃片浸泡在糖浆里，然后放置在烤垫上。放入烤箱烘焙5～10分钟，使其变为漂亮的金黄色。

瑞士薄荷，亦称瑞克雷斯薄荷，是胡椒薄荷的一种，富含丰富的薄荷醇。它经常用于制作利口酒、糖浆（冰爽薄荷糖浆）和糖果。

榅桲果淋面酱

- 煮榅桲果汤汁200毫升
- 水80毫升
- 果胶4克
- 糖4克
- 榅桲果果醋5毫升
- 白兰地酒12毫升

水晶核桃

- 水100毫升
- 细砂糖130克
- 完整、美观的青核桃果仁15颗左右

打发奶油

- 风味奶油250克
- 高温杀菌液态鲜奶油125克

装饰工序

- 花大量时间细致地将水煮榅桲果修整为形状规则且美观的薄片（每份甜品需要10～12片）。请确保果肉完全煮熟，同时保持原有形态。请回收余下物料用于制作榅桲果蓉。在个别薄片上削出一个小斜面，以备后续放置打发奶油。将榅桲果淋面酱倒在薄片上。接下来制作榅桲果蓉：将剩余的水煮榅桲果放入料理机中搅拌，如有必要可加入少许水煮榅桲果汤汁。将果蓉倒入套有直径为1.5厘米的圆形平口嘴的裱花袋中。将两份奶油打发至紧实、轻盈状态。

- 将具有弧度的三角形玻璃糖片薄脆放在每份餐盘中，然后在里侧放上约7颗薄荷奶冻球。在奶冻的另一侧放上第二片玻璃糖片薄脆，同时用裱花袋在奶冻球上挤上少许榅桲果蓉，以使薄脆与奶冻相粘。在奶冻上美观地摆上淋面后的榅桲果薄片，以水晶核桃加以装饰，然后用咖啡勺点缀上5团小丸子状的打发奶油。用刨丝器刮出少许水晶核桃碎屑整体撒在甜点上，最后浇上少许榅桲果沙司。

榅桲果凝

8人份

准备时间：20分钟
静置时间：1小时
烘焙时间：1分钟

榅桲果凝

- 煮榅桲果汤汁500毫升（详见上一食谱）
- 吉利丁片3克

装饰工序

- 风味奶油120克

榅桲果凝

- 将煮榅桲果汤汁加热，加入吉利丁片，一起煮沸1分钟。选用长方形模具框，在下面铺上一层保鲜膜。将混合物用筛网过滤，同时倒入模具框中，达到1.5厘米的高度即可。冷藏保存待其凝结。

装饰工序

- 用直径为2.5厘米的圆形模具圈切出圆柱体榅桲果凝。用直径为1厘米的巴黎勺（半球体勺子）在果凝中间挖出一个圆槽。

- 用裱花袋将奶油挤在果凝圆槽中，请把奶油顶部加工成好看的圆弧状。

糖果之趣

全天候的大满足
与小欢喜

杏仁小船饼干

弗朗索瓦·佩雷的
只言片语

我不喜欢过于传统的甜点。看着这些小船饼干，就好像航行于摆放着一袋袋小糕点的货架之间，它们在超市里是如同贡多拉（轻盈纤细，造型别致的威尼斯尖舟）一般经典的存在。因此，对存在于我们幼时回忆中的茶点进行花式改良、加工是一件相当有意思的事情。**黄油满满、带有浓浓烘焙杏仁香气**的布列塔尼莎布蕾，再加入牛奶巧克力：很难有什么能比这份配料秘诀更让我们如此感同身受地如同回到过去，这就是专属于小学时代四点钟放学时的加餐小饼干。那几乎是让你**无法不享用**的小软肋。而在丽兹酒店，它是在客房等待迎接您的小点心之一。当然，您也可以在离开时把它塞进行李手袋中，当作一件小小的**伴手礼**。

8～10人份

准备时间：**40分钟**

烘焙时间：**12分钟**

布列塔尼莎布蕾
- 55号面粉150克
- 酵母2克
- 化黄油200克
- 糖粉80克
- 蛋黄1个
- 杏仁粉30克

巧克力沙司
- 牛奶巧克力150克
- 可可含量为43%的牛奶巧克力30克

布列塔尼莎布蕾

- 将55号面粉和酵母一起过筛。将烤箱预热至170℃，开启热风模式。

- 把搅拌机安装上叶形搅拌拍，在容器中放入化黄油和糖粉，以低速混合搅拌至浓稠且轻盈状。加入蛋黄，加入混合的面粉和化学酵母，最后加入杏仁粉。请在整个操作过程过程中仔细观察，不要使空气进入混合物中，尽可能用最慢的速度进行搅拌。

- 将面糊放入套有8号圆形平口嘴的裱花袋中，在每一个硅胶小船模具的凹槽中挤入10克面糊。放入烤箱烘焙约12分钟。在烘焙进行到一半时，用勺子在每一个莎布蕾的中央向下按压，形成相同大小的椭圆形凹陷，以加强四周船边的厚度（请参照照片）。

巧克力沙司

- 将所有配料加热融化，加热温度最高为40℃，以温度计测量为准。静置待其降至温热后，注入每个小船莎布蕾中。静置待其凝固硬化。

杏仁小船饼干

焦糖小船蛋糕

创作这道甜点时，我为它特别定制了一个模具。在这里，我将食谱稍作改动，以便您可以使用直径为26厘米、高4.5厘米的圆形模具圈来完成制作。至于无籽香草粉的制作，可将使用过的香草荚皮晒干后研磨成细粉，将其过筛后放入一个密封性较好的小玻璃罐中保存。最后浇上沙司之前，可以在里面放上几片食用金箔，如此可以透过焦糖反射出美丽的光泽。

8~10人份

准备时间：1小时30分钟
静置时间：3小时
烘焙时间：35分钟

甜饼粉
- 糖粉95克
- 化黄油130克
- 杏仁粉30克
- 鸡蛋1个
- 盐之花0.5克
- 无籽香草粉0.5克
- 55号面粉250克

香草慕斯
- 吉利丁片7克
- 波旁香草荚1根
- 鲜奶油270克
- 细砂糖70克
- 蛋黄90克
- 打发鲜奶油300克

甜饼粉

- 用搅拌机将糖粉、黄油和杏仁粉混合搅拌。加入鸡蛋、盐之花和香草粉。掺入面粉，细致地搅拌成质地均匀的面团。用保鲜膜将面团包裹好，冷藏保存1小时，然后用擀面杖擀成厚度为2毫米的面皮。将面皮放置于烤盘上，放入预热至160℃的烤箱烘焙至变色（约20分钟）。静置待其冷却，将面饼掰成碎片，再搅拌成细粉。放入密封性较好的容器中干燥保存。

香草慕斯

- 用冷水将吉利丁片浸湿，把香草荚从中间竖向劈开，用刀沿内壁刮下香草籽不用。将香草荚切成小块，和奶油一起煮沸，关火后，盖上锅盖静置15分钟使其浸味。将蛋黄和糖一起搅打至颜色发白，一点一点加入热奶油，同时保持搅打。将混合物放入锅中，用小火至中火加热，并用抹刀搅拌。当奶油变稠、变厚时，捞出香草荚块，用料理棒将奶油搅拌均匀。将奶油用筛网过滤，加入沥干水的吉利丁片。静置待其冷却，然后舀入打发的鲜奶油。

乳酪蛋糕莎布蕾

- 甜饼粉300克（做法详见上页）
- 干黄油20克（或片状黄油）

嵌入焦糖

- 细砂糖180克
- DE值为40的葡萄糖糖浆25克
- 液态鲜奶油320克
- 无籽香草粉0.5克
- 蛋黄80克
- 化黄油50克

打底咸酥挞皮

- 化半盐黄油80克
- 糖粉50克
- 蛋黄25克
- 55号面粉140克
- 杏仁粉20克
- 化可可脂适量

漂浮之岛焦糖

- 细砂糖200克
- 热水110毫升

白色喷砂

- 白巧克力200克
- 可可脂200克
- 无籽香草粉0.4克

乳酪蛋糕莎布蕾

- 将烤箱预热至170℃，开启热风模式。将搅拌机安装上叶形搅拌拍，将甜饼粉和干黄油一起搅拌混合。将面团铺在放置于烤盘上的直径为24厘米的圆形模中，向下轻微地规则按压。放入烤箱烘焙约7分钟，将蛋糕留在模具中静冷却，冷藏保存。

嵌入焦糖

- 将细砂糖和葡萄糖一起烧热至呈轻微生烟的深赤褐色焦糖状，掌握适度的火候很重要。将液态鲜奶油和无籽香草粉以及盐一起煮沸，然后将其倒入焦糖中使其稀释。将蛋黄轻微打发，一点一点加入焦糖，使其均匀混合：注意不要将蛋黄烫熟。将混合物继续加热，熬成英式奶油酱。用筛网过滤并静置冷却至35～40℃，加入化黄油，并将混合物倒在圆形模具里的乳酪蛋糕上。放入冰柜冷冻3小时。

打底咸酥挞皮

- 将烤箱预热至160℃，开启热风模式。用搅拌机将软膏状黄油加工搅拌，然后按照顺序依次加入糖粉、蛋黄、面粉和杏仁粉。将面团擀成厚度为2毫米的面皮，切出一个直径为28厘米的圆饼皮。将饼皮夹在两片烤垫中间，放入烤箱烘焙10分钟。出炉后，将可可脂刷在面皮上，静置待其冷却。

漂浮之岛焦糖

- 将糖烧热至赤褐色的焦糖。倒入热水进行稀释。冷藏保存。

组装工序

- 选取直径为26厘米的圆形模具圈，在一面罩上一层保鲜膜。贴着模具圈内壁摆上一层高度为4.5厘米的塑料蛋糕围边。接下来的操作是一个倒置的组装工序：将香草慕斯填入模具圈内至边框3/4的高度，注意将边缘填满。在中间放入乳酪蛋糕莎布蕾，将带有焦糖的一面朝下。平整表面后放入冰柜进行冷冻。在进行脱模之前，将白色喷砂所需配料一起融化，倒入喷砂枪中。将蛋糕脱模，拿去蛋糕围边，用喷枪在蛋糕上喷砂。将其摆放在打底咸酥塔皮上，现场为客人淋上漂浮之岛焦糖即可。

8～10人份

准备时间：**15分钟**
烘焙时间：**50分钟**

- 香草荚1根
- 牛奶270毫升
- 蛋黄170克
- 细砂糖110克
- 低温液态鲜奶油750克
- 粗黄糖少许（用于上焦糖）
- 糖粉和镂花模板适量

- 将烤箱预热至90℃。把香草荚从中间竖向劈开，用刀沿内壁刮下香草籽。将牛奶和香草荚、香草籽一起煮沸。关火后，盖上锅盖待其浸味。

- 将蛋黄和细砂糖一起搅打至颜色发白后，倒入牛奶，同时继续搅打。立刻加入低温液态鲜奶油，之后用筛网过滤。注意在操作过程中不要让空气混入。在每个模具中放入125克混合物，请尽可能在距离烤箱最近的地方操作，以防止在送入烤箱过程中撒漏。烘焙40～45分钟，时长会根据模具形状不同而有所差别。

- 上焦糖时，先在奶油布丁表面整体铺上一层吸水纸，以吸走多余的水分。取下吸水纸，撒上过筛后的粗黄糖。用喷火枪由外向内在表面进行火烧。再次撒上一层粗黄糖，重新进行火烧。之后借助镂花模板撒上糖粉进行装饰。

香草焦糖布丁

香草蛋白霜

弗朗索瓦·佩雷的

只言片语

这是一款基本的甜点。因为制作时要用到**所有制作甜点**的**基础技能**，包括制作蛋白霜、卡仕达奶油酱，打发鲜奶油。没有人不爱这三种面包房和甜点店里的经典配料，而我是其中最为痴迷之人。旺多姆酒吧如同丽兹酒店跳动的心脏，在这里有全天候供应的甜点。因此，我决定将它们结合在一起，成为仅仅**一口就保证能够感受到的甜蜜**。对，这里依然涉及"大小"的问题。难道我没有提及过吗？在我看来，极简主义和美食至上的理念是相互对立的。我喜欢外观圆润饱满但口感轻盈的甜点。在这份甜品中，除了蛋白霜本身含糖之外，**没有任何额外的糖分**加入，甜点不能被它所腐蚀。我对糖的使用十分克制，就如同使用提鲜的调味料一般。品尝甜点时绝不能有甜腻到让人生厌的感受。

香草蛋白霜

您可以提前制作好圆顶蛋白霜，放在密封性较好的保鲜盒中干燥保存。

6人份

准备时间：**1小时30分钟**
烘焙时间：**2小时45分钟**

法式蛋白霜
- 蛋清400克
- 细砂糖400克
- 糖粉400克

香草鱼子酱
- 片状吉利丁1.5克
- 香草荚15根
- 细砂糖100克
- 水75毫升

卡仕达奶油酱
- 香草荚1根
- 高温杀菌牛奶400毫升
- 黄油14克
- 细砂糖53克
- 蛋黄67克
- 玉米淀粉27克

组装工序
- 脂肪含量为33%的鲜奶油300克
- 200克风味奶油
- 可可脂适量
- 香草粉适量

法式蛋白霜

- 将烤箱预热至75℃，开启热风模式。用搅拌机将蛋清和细砂糖一起打发至变成质地紧实的蛋白霜，用软抹刀舀入糖粉。制作圆顶蛋白霜时，取用直径为10厘米的长柄圆勺，装满蛋白霜，与勺子边缘抹平，然后借助一个小号软抹刀将蛋白霜脱模，同时在顶部挑起几个小尖。制作出10个同样形状的蛋白霜，放在铺有油纸的烤盘上。放入烤箱中烘焙1小时15分钟，将每个蛋白霜从侧面开口，用勺子将内部挖空。再将圆顶蛋白霜放入烤箱烘焙干燥1小时30分钟。

香草鱼子酱

- 将吉利丁片在冷水中浸泡10分钟。把香草荚从中间竖向劈开，用刀沿内壁刮下香草籽，并将香草荚切成小块。将细砂糖和水一起煮沸，加入香草荚小块和香草籽。将混合物细致地搅拌均匀，然后倒在一个筛网上，用刮板反复刮蹭，使混合物尽可能多地滴漏下来。加入沥干水分的吉利丁片，混合均匀，静置待其冷却。香草鱼子酱的质感应该是黏稠且具有弹性的。

卡仕达奶油酱

- 把香草荚从中间竖向劈开，用刀沿内壁刮下香草籽。将牛奶、黄油以及15克细砂糖、香草籽一起煮沸。将蛋黄和剩余的细砂糖一起打发至颜色发白，加入玉米淀粉，然后加入一部分热牛奶，一起煮沸。2分钟后，将奶油酱倒在铺有一层保鲜膜的烤盘上，使其快速冷却。制作10个蛋白霜需要称取500克卡仕达奶油酱。

组装工序

- 将两种奶油打发成香缇奶油。

- 用刷子在蛋白霜内部刷上一层可可脂，以防止水分将其浸湿，然后按照顺序填入以下内容：40克香缇奶油，10克香草鱼子酱，最后加入50克卡仕达奶油酱。将蛋白霜表面修平整，放在餐盘中。撒上香草粉加以装饰即可。

柚子乳酪蛋糕

优味布雷斯（le Bon Bresse）是一种包含三种奶油的复合奶酪，由安省格里耶吉市的奶酪工坊提供。如果没有优味布雷斯奶酪，请使用非常新鲜的布里亚-萨瓦兰奶酪，或者卡夫菲力奶油奶酪进行制作。

8 ~ 10人份

准备时间：**1小时**
静置时间：**1小时**
烘焙时间：**22分钟**

柚子果酱
- 柚子2个（用于制作75克的柚皮碎屑以及230克果肉）
- 片状吉利丁2克
- 细砂糖90克
- 黄色果胶3克

乳酪蛋糕慕斯
- 片状吉利丁5克
- 优味布雷斯奶酪或者奶油奶酪190克
- 细砂糖65克
- 鲜奶油235克
- 过筛糖粉12克

粉红西柚镜面淋酱
- 片状吉利丁14克
- 白巧克力230克
- 甜奶精110克
- 细砂糖120克
- 葡萄糖糖浆220毫升
- 柚子汁160毫升
- 水60毫升
- 石榴糖浆2 ~ 3滴

柚子果酱
- 用刮皮器取柚子表皮，注意只取带颜色部分，不要刮到果皮深层的果络。将表皮在冷水中浸泡三次，使其颜色变白，然后沥水。
- 将吉利丁片在冷水中浸湿。
- 将柚子果肉粗略地揉碎。将细砂糖和黄色果胶混合，加入柚子果肉和柚子皮一起煮热。5分钟后，在开始沸腾之前，用料理棒将混合物搅拌碎，持续再煮约5分钟，直至成为果酱质地。加入沥干水的吉利丁片，然后倒入一个厚度为5毫米的容器中。静置待其凝固，然后切成10个边长为5厘米的正方形。冷藏保存，以备后续嵌入乳酪蛋糕慕斯中。

乳酪蛋糕慕斯
- 将吉利丁片放入冷水中浸泡10分钟。将优味布雷斯奶酪与细砂糖混合，用隔水加热法化开，加入沥干水的吉利丁片。将鲜奶油和细砂糖混合打发至呈慕斯质地即为香缇奶油。将两份奶油混合，等量分装进10个边长为6厘米、深度为2厘米的正方形模具中。在每块慕斯正中央，嵌入柚子果酱。将表面修平整，放入冰柜冷冻保存。

粉红西柚镜面淋酱
- 将吉利丁片放入冷水中浸泡10分钟。选用较大容器，放入掰碎的白巧克力、甜奶精和沥干水的吉利丁片。
- 将细砂糖、葡萄糖糖浆、柚子汁和水一起煮至103℃，以温度计测量为准。将混合糖浆倒入容器中，细致地搅拌，同时加入几滴石榴糖浆，将颜色调和为深浅程度合您心意的粉红色。用料理棒将混合物搅拌均匀，密封好以后冷藏保存。如果制作完成后仍有剩余，您可以放入冰柜保存。

甜饼粉

- 糖粉90克
- 半盐化黄油130克
- 杏仁粉30克
- 鸡蛋1个
- 无籽香草粉
- 55号面粉250克

乳酪蛋糕莎布蕾

- 甜饼粉370克（做法参见第140页）
- 常温干黄油（或片状黄油）20克

完成工序

- 柚子1个

甜饼粉

- 用搅拌机将糖粉、半盐化黄油和杏仁粉混合搅拌。加入鸡蛋和香草粉。掺入面粉，细致地搅拌成质地均匀的面团。用保鲜膜将面团包裹好，放入冰箱冷藏保存1小时。称取450克面团，用擀面杖擀成厚度为2毫米的面皮。将剩余面团放入冰柜以备他用。将面皮放置于烤盘上，放入预热至160℃的烤箱烘焙至变色（烤10~15分钟）。静置待其冷却，然后用搅拌机将面饼研磨成细粉。

乳酪蛋糕莎布蕾

- 将搅拌机安装上叶形搅拌拍，将甜饼粉和干黄油一起搅拌混合。将面团擀成厚度为1厘米的面饼，分装在边长为6厘米的正方形模具框中。

- 将烤箱预热至170℃，开启热风模式。放入烤箱烘焙约7分钟，出炉后脱模，并将莎布蕾放在烤盘中，放入冰箱进行冷却。

完成工序

- 将乳酪蛋糕慕斯脱模。将淋面酱融化后冷却并保持低温状态。将慕斯放置于烤架上，用抹刀在上面涂抹上淋面酱，然后摆在莎布蕾上。

- 将柚子去皮，剥出一丝一丝的小果肉碎，将其打散至粒粒分明的状态。在每块慕斯上摆上足量的柚子果肉粒即可。

静止的漂浮之岛

8～10人份

准备时间：**2小时**
烘焙时间：**1小时**

浸泡用牛奶
- 波旁香草荚1根
- 全脂牛奶300毫升
- 细砂糖30克

杏仁萨瓦海绵蛋糕
- 杏仁片50克
- 鸡蛋160克
- 细砂糖145克
- 黄油80克
- 45号面粉100克
- 马铃薯粉55克
- 酵母5克

嵌入焦糖布丁
- 波旁香草荚1根
- 蛋黄80克
- 细砂糖45克
- 牛奶400毫升
- 高温杀菌液态鲜奶油200克

焦糖装饰
- 细砂糖200克
- 热水110毫升

焦糖慕斯
- 片状吉利丁8克
- 波旁香草荚1根
- 高温杀菌液态鲜奶油220克
- 细砂糖180克
- 葡萄糖30克
- 打发的鲜奶油500克

浸泡用牛奶

- 把香草荚从中间竖向劈开，用刀沿内壁刮下香草籽。将香草荚、香草籽、牛奶和糖一起放入锅中煮沸，并保温保存。

杏仁萨瓦海绵蛋糕

- 将杏仁片散放在烤盘上，放入烤箱以150℃烘焙约8分钟。出炉后从烤盘中倒出，静置待其冷却。将烤箱调至160℃，开启热风模式。

- 用搅拌机将鸡蛋和细砂糖一起打发。将黄油加热至化开，趁热倒入鸡蛋中。将面粉、马铃薯粉和酵母一起过筛，停止搅拌机，用软抹刀将其舀入到鸡蛋、细砂糖和黄油的混合物中。取用直径为24厘米的挞皮圆形模具，涂上少许黄油，撒上少许面粉。在模具底部均匀地铺上一层杏仁片，然后将面糊倒入模具至1/3的高度。放入烤箱烘焙20分钟。趁热将蛋糕脱模，然后整体浸入热牛奶中。静置待其冷却，放入冰柜冷冻保存。

嵌入焦糖布丁

- 将烤箱预热至90℃，开启热风模式。把香草荚从中间竖向劈开，用刀沿内壁刮下香草籽。将蛋黄和细砂糖一起搅拌至颜色发白。将牛奶、奶油以及香草荚一起煮沸，然后全部倒入蛋黄液中。选取直径为24厘米的圆形模具圈，在一面罩上一层保鲜膜，然后将混合物倒入模具中。放入烤箱烘焙35分钟。出炉后，将焦糖布丁留在模具中冷却，放入冰柜进行冷冻，使其加强硬度，然后再脱模。

焦糖装饰

- 将细砂糖烧热，直至形成赤褐色焦糖，加入热水进行稀释。

焦糖慕斯

- 将吉利丁片放入冷水中浸湿。把香草荚从中间竖向劈开，用刀沿内壁刮下香草籽。将奶油和香草荚以及香草籽一起煮沸，关火。将细砂糖和葡萄糖一起加热，直至形成赤褐色焦糖，加入混合香草荚与香草籽的热奶油进行稀释。

雪花蛋白

- 片状吉利丁3克
- 蛋清150克
- 细砂糖110克

焦糖粉

- 细砂糖225克
- 低温精制黄油52.5克（切成小块）
- 可可脂22.5克，加热融化

- 加入沥干水的吉利丁片，混合后用筛网过滤，静置待其冷却，然后用软抹刀叠入打发的鲜奶油。将慕斯装入裱花袋中，冷藏保存。

雪花蛋白

- 将吉利丁片放入冷水中浸湿。在此期间，用搅拌机将蛋清打发，同时加入细砂糖，但不要将蛋清打发得过于紧实。将吉利丁片沥水，放入微波炉中融化。将其加入到打发好的蛋清中。选用直径26厘米、高2厘米的圆形模具，将蛋清铺在模具中，放入蒸箱中以80℃蒸3分钟。

焦糖粉

- 将细砂糖烧热，直至形成赤褐色焦糖。将黄油一点一点加入焦糖中进行稀释，然后加入可可脂。将混合物倒在烤垫上，静置待其冷却，搅碎成细粉。放入密封性较好的容器中干燥保存。

组装工序

- 选用直径26厘米、高4.5厘米的圆形模具圈，在一面罩上一层保鲜膜，放置于硬纸板上，有保鲜膜的一面朝下。贴着模具圈内壁摆上一层宽度为4.5厘米的塑料蛋糕围边。在冷冻的杏仁萨瓦蛋糕上涂上一层薄薄的焦糖慕斯。用抹刀平整表面后嵌入焦糖布丁，放入慕斯中央。

- 将焦糖慕斯填入圆形模具圈内至边框1/2的高度，注意将边缘填满。将蛋糕放在慕斯中央，带有嵌入焦糖布丁的一面朝下。用抹刀抹掉溢出的奶油，平整表面，然后放入冰柜冷冻保存。当蛋糕冷冻好以后，将其脱模，静置片刻待其回温，以便焦糖粉可以更好地与之结合。撒上焦糖粉，覆盖住蛋糕表面。

- 在蛋糕上放上一团雪花蛋白，最后用勺子或者锥形滴漏浇上液体焦糖进行装饰。如果您喜欢，也可以加入一些杏仁片搭配享用。

覆盆子夏洛特

8～10人份

准备时间：50分钟
烘焙时间：1小时20分钟

轻薄萨瓦海绵蛋糕
- 45号面粉145克
- 马铃薯粉75克
- 酵母6克
- 黄油112克
- 鸡蛋220克
- 细砂糖200克

浸泡用覆盆子糖浆
- 水125毫升
- 细砂糖30克
- 覆盆子果醋2毫升
- 白兰地酒2毫升

覆盆子果汁
- 冷冻覆盆子500克
- 粗黄糖50克
- 白兰地酒15毫升

覆盆子果酱
- 上一步骤中沥干的覆盆子
- 细砂糖适量
- 柠檬汁适量

轻薄萨瓦海绵蛋糕

- 将烤箱预热至160℃，开启热风模式。将45号面粉和马铃薯粉一起过筛。将黄油化开。用搅拌机将鸡蛋和细砂糖一起打发。加入高温化黄油（保持温度十分重要），然后用软抹刀叠入混合后的面粉。将面糊倒入装有圆形平口嘴的裱花袋中。选用10个独立的布里欧修花盏蛋挞模具，分别在里面抹上少许黄油，撒上少许面粉。在每一个模具中挤上55克面糊，放入烤箱中烘焙14分钟。出炉后，将蛋糕留在模具中，在上面盖上一层油脂。然后放置于水平的烤盘中静置10分钟以将表面稍稍加以平整。趁温热时脱模。

浸泡用覆盆子糖浆

- 将水和细砂糖一起煮沸。静置待其冷却，加入覆盆子果醋和白兰地酒。混合后保存。

覆盆子果汁

- 将所有配料放在不锈钢盆中，隔水加热。用保鲜膜将容器密封好，持续加热1小时，然后用筛网过滤。将果汁冷藏保存，回收覆盆子果肉以备后续制作果酱。

覆盆子果酱

- 将回收的覆盆子沥干，加入其重量60%的细砂糖，然后加入柠檬汁，细致搅拌。将混合物倒入锅中，用大火煮沸。持续沸腾3分钟，同时保持搅动。完成后倒入果酱罐中冷藏保存。

覆盆子果泥
- 新鲜覆盆子100克
- 覆盆子果酱60克

覆盆子奶油沙司
- 覆盆子果汁80克
- 糖粉32克
- 脂肪含量为40%的风味奶油320克

覆盆子果泥

- 用叉子将新鲜覆盆子果肉捣碎，与覆盆子果酱混合。

覆盆子奶油沙司

- 将覆盆子果汁和糖粉混合。用软抹刀加入奶油。将混合物用筛网过滤，使用前需冷藏保存。

组装和完成

- 用一个直径为3.5厘米的圆形模具在萨瓦蛋糕顶部正中间向下轻轻按压2厘米的深度，并将此部分掏空。用刷子将浸泡用覆盆子糖浆刷在蛋糕上，然后撒上足量的糖粉，放入烤箱以220℃（无热风）模式烘焙4~5分钟。出炉后，再次撒上大量糖粉，然后静置待其冷却。将覆盆子果肉内部填入覆盆子果酱，然后放在萨瓦蛋糕顶部（每份蛋糕摆放50~55克的填酱覆盆子）。将覆盆子奶油沙司单独盛放在另外的容器中搭配享用。

笼中梨

8～10人份

准备时间：1小时
烘焙时间：约1小时30分钟

无粉巧克力海绵蛋糕
- 可可含量为70%的黑巧克力75克
- 可可酱砖50克
- 蛋黄220克（约15个中等大小鸡蛋蛋黄）
- 蛋清190克
- 细砂糖150克

糖浆和水煮梨
- 波旁香草荚1根
- 水2升
- 粗黄糖600克
- 威廉梨8个
- 维生素C糖浆3毫升

煎梨
- 新鲜梨500克（用于切出350克方块梨肉）
- 粗黄糖15克
- 无籽香草荚1/2根
- 白兰地酒20毫升

无粉巧克力海绵蛋糕

- 将烤箱预热至150℃。将巧克力掰碎，和可可酱砖一起隔水加热至40℃使其融化。用搅拌机将蛋清、蛋黄和细砂糖一起打发。用软抹刀将其叠入巧克力中。选用10个直径为6厘米、高度为6厘米的模具，不要抹上黄油（这一点至关重要），将混合物等量分盛入模具中。放入烤箱烘焙14分钟。将蛋糕留在模具中冷却。

糖浆和水煮梨

- 把香草荚从中间竖向劈开，用刀沿内壁刮下香草籽。将香草荚、香草籽、水和粗黄糖放入锅中一起煮沸。待其浸味片刻，用筛网过滤温热的糖浆，静置待其冷却。

- 将威廉梨削皮，保留梨柄，并将底部削平使其能够保持直立。每个梨子的高度应统一为6厘米，不含梨柄高度。用直径为2.5厘米的圆形模具圈将核去除。用刨丝器将每个梨的外形修整平滑。当每一个梨处理完成后，将它们逐个浸泡在含有冰块和维生素C糖浆的水中。回收切下的果肉碎，同样浸泡在维生素C糖浆溶液中，以备后续煎制。

- 水煮梨时，将其从维生素C糖浆溶液中捞出，放入锅中。将糖浆加热至80℃，然后浇在梨上。盖上和锅口大小相匹配的圆形纸片，用微火慢煨30分钟，不要使其煮沸，直到梨肉质地变得软糯并依然成形。

煎梨

- 将梨削皮，切成边长约1厘米的块。放入平底锅中，和粗黄糖、香草荚一起煎炒片刻。加入白兰地酒，如有必要，可加入适量的水以完成烹制。梨肉应依然保持较硬质地。

巧克力慕斯

- 片状吉利丁2.5克
- 黑巧克力195克
- 鲜奶油180克
- 蛋黄4个
- 细砂糖45克
- 蛋清180克

巧克力装饰

- 可可含量为70%的黑巧克力200克

巧克力沙司

- 可可含量为70%的黑巧克力60克
- 可可含量为62%的巧克力甘纳许60克
- 牛奶巧克力15克
- 牛奶200毫升
- 鲜奶油200克

完成工序

- 无味透明镜面果胶300克

巧克力慕斯

- 将吉利丁片放入冷水中浸湿。将巧克力隔水加热至50℃至化开。将奶油打发（刚刚蓬发即可，不要过度）并放入冰箱冷藏保存。将蛋黄和15克细砂糖一起搅拌至和萨芭雍类似的状态。在此期间，使用另一台搅拌机，将蛋清和30克细砂糖一起打发至柔软状态。先将一半的萨芭雍和一半的蛋清与融化的巧克力混合，然后用软抹刀叠入所有剩余奶油。将吉利丁片沥干，放入微波炉中融化，掺入慕斯中。

巧克力装饰

- 将巧克力加热至50℃化开，然后迅速降温至27℃（注意不要低于此温度）。之后再稍微加热至最高31℃或32℃以增强流动性。

- 将巧克力液倒在一片塑料纸上，用巧克力刮梳刮出线条，然后将塑料纸剪裁成长25厘米、宽10厘米的长条。当巧克力液凝固之后，将其夹在两个平烤盘之间以防止两端上翘。

巧克力沙司

- 将所有巧克力掰成碎块，放入一个较大容器中。将牛奶和奶油一起煮沸，浇在巧克力上，搅拌均匀。

组装和完成

- 沿模具边缘将巧克力海绵蛋糕的顶部削平。脱模后，将削平的一面朝下放置于烤盘上。

- 进行一个倒置的组装工序：选用10个直径为7厘米、高度4.5厘米的圆形模具圈，贴着模具圈内壁摆上一层高度相同的塑料蛋糕围边。将巧克力慕斯填入模具圈内至边框3/4的高度，然后放入蛋糕。将梨捞出，放在吸水纸上进行沥干，并在内部塞入煎梨块，放置于烤架上。将镜面果胶加热至45℃至融化，用刷子刷在梨表面。将淋面后的梨子摆放在蛋糕上，四周摆上巧克力线条。请搭配巧克力沙司一起品尝。

玛德莲蛋糕

弗朗索瓦·佩雷的
只言片语

丽兹酒店和普鲁斯特是不可分割的。酒店如同他的第二个家，更是他酝酿灵感的精神殿堂。因此，他的玛德莲蛋糕，这一品尝后就令人难以忘怀的甜品，十分值得我用心为它书写一篇甜点赞歌。创造这款玛德莲蛋糕时，我希望它能以**超乎寻常的外观**吸引人们的第一眼目光，于是为它定制了超大号的模具，并乐于其中。然而从品尝到它的第一口开始，它**迷人的曲线**就会带您完全进入另一番天地。不要被它圆圆鼓鼓的表象所欺骗，这款甜点的**口感**其实轻**薄如羽翼**。它映射出我心中的普鲁斯特笔下的玛德莲蛋糕：那是我祖母做的**散发着淡淡香气的**蛋糕，是我所有甜品中的最爱。但是，我也想为这款玛德莲蛋糕增加几分个性。所以我为它注入了**香草味的内心**，里面还有我特别喜爱的板栗花蜜。

玛德莲蛋糕

创作此甜点时，我为它特别定制了一个模具。在这里，我将食谱稍作改动，以便您可以使用直径22厘米、高5厘米的圆形模具圈来完成制作。

8～10人份

准备时间：1小时30分钟
（不包括静置时间）
烘焙时间：30分钟

杏仁萨瓦海绵蛋糕
- 杏仁片50克
- 鸡蛋160克
- 细砂糖145克
- 黄油80克
- 45号面粉100克
- 马铃薯粉55克
- 酵母5克

浸泡用香草糖浆
- 波旁香草荚1/2根
- 水200毫升
- 粗黄糖60克

焦糖奶油
- 片状吉利丁4克
- 鲜奶油820克
- 洋槐蜂蜜150克（另备少许用于完成装饰工序）
- 板栗花蜜190克
- 葡萄糖糖浆240毫升
- 蛋黄200克

杏仁萨瓦海绵蛋糕

- 将杏仁片散放在烤盘上，放入烤箱以150℃烘焙约8分钟。出炉后从烤盘中倒出，静置待其冷却。将烤箱调至160℃，开启热风模式。

- 用搅拌机将鸡蛋和细砂糖一起打发。将黄油加热至化开，趁热倒入鸡蛋中。将面粉、马铃薯粉和酵母一起过筛。停止搅拌，用软抹刀将其叠入到鸡蛋、细砂糖和黄油的混合物中。取用直径为22厘米的圆形带边挞皮模具，涂上少许黄油，撒上少许面粉。在模具底部均匀地铺上一层杏仁片，然后将面糊倒入模具至1/2的高度。放入烤箱烘焙30分钟。待其完全冷却后，用刀沿圆形模具内壁划开将蛋糕脱模。蛋糕高度应保持在2.5厘米，如果超过此高度，用切刀将多余部分切掉。

浸泡用香草糖浆

- 把波旁香草荚从中间竖向劈开，用刀沿内壁刮下香草籽。将水、粗黄糖、香草荚和香草籽一起煮沸。关火后，盖上锅盖待其浸味10分钟。静置待其冷却，将蛋糕浸入糖浆中，不要过度浸泡而使其软化。

焦糖奶油

- 选取直径为22厘米的圆形模具圈，在一面罩上一层保鲜膜。将片状吉利丁放入冷水中浸湿。将鲜奶油煮沸，然后关火。将洋槐蜂蜜、板栗花蜜和葡萄糖糖浆放入锅中加热至150℃，以温度计测量为准，然后加入热奶油进行稀释。将蛋黄打匀，搅打的同时把一小部分温热的混合物一点一点地倒在蛋黄上。加入剩余的混合物，保持搅拌，然后再将混合奶油加热至变稠、变厚，如同英式奶油酱质地。加入沥干水的吉利丁片，然后用筛网过滤。不要搅拌奶油，而是把它放入冰柜迅速降温，然后铺在罩有保鲜膜的圆形模具圈中。奶油高度应精确保持为2.5厘米。静置待其凝固，然后将蛋糕对照叠放在上面，有杏仁的一面朝下。冷藏保存。

卡仕达奶油酱

- 香草荚1根
- 全脂牛奶300毫升
- 黄油10克
- 细砂糖40克
- 蛋黄50克
- 玉米淀粉20克

香缇奶油慕斯

- 片状吉利丁3克
- 液态鲜奶油700克
- 卡仕达奶油酱200克

金色喷砂

- 白巧克力100克
- 牛奶巧克力10克
- 可可脂100克
- 金闪食用色素粉末8克
- 黄色脂溶性色素1克

巧克力喷砂

- 可可含量为70%的黑巧克力110克
- 可可脂125克
- 可可酱砖40克

卡仕达奶油酱

- 把香草荚从中间竖向劈开，用刀沿内壁刮下香草籽。将全脂牛奶、黄油以及10克细砂糖、香草荚一起煮沸。将蛋黄和剩余的细砂糖一起打发至颜色发白，加入玉米淀粉，然后加入一部分热牛奶，一起煮沸。沸腾2分钟后，将奶油倒在铺有一层保鲜膜的烤盘上，放入冰柜使其快速冷却。

香缇奶油慕斯

- 将吉利丁片在冷水中浸泡10分钟。称取200克鲜奶油加热，放入沥干水的吉利丁片使其融化。用打蛋器将卡仕达酱搅匀，用筛网过滤，直接倒入温热的混合奶油中。将混合物搅拌后再次用筛网过滤。静置待其降温，在此期间将剩余的鲜奶油打发成香缇奶油。当混合奶油降至30℃时，舀入打发好的香缇奶油。

金色喷砂

- 将巧克力和可可脂掰碎。加入色素，一起用隔水加热法加热。用筛网过滤后将混合物放入喷砂枪中。使用时需将温度控制在45℃。

巧克力喷砂

- 将巧克力、可可脂和可可酱砖掰碎。一起用隔水加热法加热。用筛网过滤后将混合物放入喷砂枪中。使用时需将温度控制在45℃。

组装工序

- 选取直径28厘米、高5厘米的圆形模具圈，放在硬纸板上。贴着模具圈内壁摆上一层高度为5厘米的蛋糕围边。将蛋糕对照摆放在模具圈正中间，有焦糖奶油的一面朝上，倒入质地尚柔软的香缇奶油慕斯。修整表面，使慕斯高度与模具圈边缘对齐，放入冰柜加强硬度。

- 当蛋糕冷冻完成后，从模具和蛋糕围边中脱模。用喷砂枪将金色喷砂喷于蛋糕全部表面，然后将巧克力喷砂喷在蛋糕侧边缘，可以稍稍向顶部溢出一点点，以使成品颜色更深。最后用几滴蜂蜜加以装饰即可。

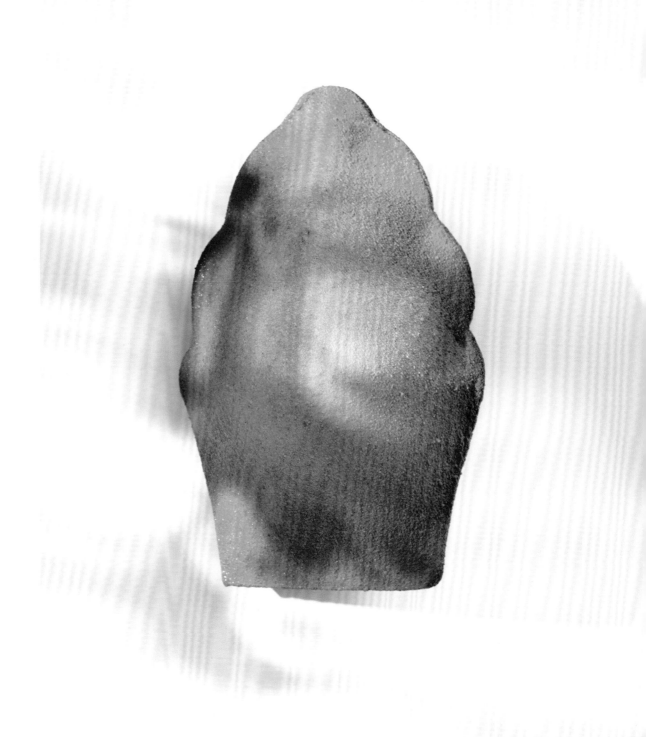

大理石蛋糕

创作此甜点时，我为它特别定制了一个模具。在这里，我将食谱稍作改动，以便您可以使用直径26厘米、高5厘米的圆形模具圈来完成制作。另外，该食谱中所制作的巧克力慕斯不会一次用完，但因为体积原因，仅按需制作少量慕斯的可操作性较小。您可以将没有用完的慕斯冷藏保存，第二天品尝也一样美味！

8人份

准备时间：1小时30分钟（英式奶油酱需在前一天晚上准备）

烘焙时间：30分钟

浸泡用糖浆
- 水200毫升
- 细砂糖30克

轻薄萨瓦海绵蛋糕
- 黄油90克
- 细砂糖160克
- 鸡蛋175克
- 45号面粉115克
- 马铃薯粉60克
- 酵母5克
- 可可粉20克

香草慕斯
- 片状吉利丁13克
- 波旁香草荚1/2根
- 脂肪含量为40%的风味奶油510克
- 蛋黄170克
- 细砂糖120克
- 浓稠鲜奶油43克
- 打发的鲜奶油340克

浸泡用糖浆
- 将水和细砂糖混合煮沸，静置待其冷却。

轻薄萨瓦海绵蛋糕
- 将烤箱预热至170℃，开启热风模式。将黄油化开。用搅拌机将鸡蛋和细砂糖一起打发。当呈慕斯状时，加入高温化黄油。将面粉和马铃薯粉一起过筛，然后用软抹刀将其掺入混合蛋液中。将面糊平均分成两部分，用软抹刀将可可粉掺入其中一半的面糊。将两份面糊分别倒入裱花袋中。选用边长为23厘米的正方形模具框，在里面交替挤上原味面糊和巧克力味面糊，以呈现出大理石纹路效果。如有必要，用弯头抹刀修整表面，放入烤箱烘焙9～10分钟。静置待其冷却，然后细致地脱模。将蛋糕浸入糖浆中，然后用直径为22厘米的圆形模具圈切出圆形蛋糕。放入冰柜冷冻保存。

香草慕斯
- 前一天晚上，先制作英式蛋黄酱：用冷水将片状吉利丁浸湿，把波旁香草荚从中间竖向劈开，用刀沿内壁刮下香草籽。将香草荚和香草籽加入风味奶油中，放入锅中一起煮沸。关火后，盖上锅盖静置使其浸味。将蛋黄和细砂糖一起搅拌至颜色发白，一点一点加入香草奶油，同时保持搅打。将混合物放入锅中，用小火至中火加热，并用抹刀搅拌，直至奶油变稠、变厚。关火后，加入沥干水的吉利丁片。盖上锅盖，放入冰箱冷藏保存至第二天，然后用搅拌机将奶油打发。之后加入浓稠鲜奶油，最后叠入打发的鲜奶油。将慕斯倒入装有圆形平口嘴的裱花袋中，放入冰箱冷藏保存。

嵌入浓香香草

- 波旁香草荚4根半
- 全脂牛奶150毫升（加额外少许补充备用）
- 葡萄糖糖浆195毫升
- 鲜奶油225克

大理石纹路巧克力慕斯

- 黑巧克力125克
- 鲜奶油125克
- 片状吉利丁4克
- 蛋黄80克和细砂糖15克
- 蛋清120克和细砂糖10克

巧克力喷砂

- 可可脂100克
- 黑巧克力50克
- 可可酱砖150克

嵌入浓香香草

- 用剪刀将波旁香草荚剪成小段。将全脂牛奶和香草段放入料理机中，用第3挡速度以85℃加热20分钟。如果没有料理机，您可以将其放在锅中加热，使其微微煮沸20分钟，然后放入榨汁机中搅拌。当料理机结束烹饪时，再搅拌1分钟。用筛网过滤，同时取一个小号长柄汤勺用力按压，使尽可能多的混合物过筛。用备用牛奶将其补充至150毫升的初始量。

- 将葡萄糖糖浆倒入小锅中加热至130℃，以温度计测量为准，然后加入香草味牛奶和鲜奶油进行稀释。继续烹煮至混合物质地稍稍变稠、变厚。将奶油涂抹在冷冻萨瓦蛋糕表面，然后再放入冰柜冷冻保存。

大理石纹路巧克力慕斯

- 将巧克力隔水加热至50℃，使其融化。用搅拌机将奶油打发。打发至奶油刚刚蓬发即可，不要过度膨胀。冷藏保存。

- 将吉利丁片在冷水中浸泡10分钟，然后放入微波炉中融化。

- 用搅拌机将蛋黄和15克细砂糖搅打成柔滑慕斯状态（萨芭雍状态），然后加入融化的吉利丁片；同时，用另一搅拌机将蛋清和10克细砂糖搅打至呈松软雪花状态。将化巧克力和一半打发的奶油混合，直接加入一半打发蛋清和一半萨芭雍。先使用打蛋器搅拌混合，然后用软抹刀叠入剩下的一半蛋清和一半萨芭雍。冷藏保存。

组装工序

- 提醒：蛋糕和嵌入浓香香草应该已经组装并冷冻好。

- 将巧克力喷砂所需配料一起用隔水加热法化开，用筛网过滤。将混合物放入喷砂枪中，使用时需将温度控制在45℃。

- 将巧克力慕斯倒入装有圆形平口嘴的裱花袋中。将烤盘中铺上一层塑料纸。选取直径26厘米、高5厘米的圆形模具圈，在一面罩上一层保鲜膜。贴着模具圈内壁摆上一层高度为5厘米的蛋糕围边。在冷冻蛋糕上不规则地挤上巧克力慕斯，整体放入冰柜进行冷冻。当蛋糕冷冻好以后，在表面留下的凹槽中挤上香草慕斯。将香草慕斯填入模具圈内至边框3/4的高度，将蛋糕和嵌入香草放入正中央，然后修整表面使其与模具边缘对齐。放入冰柜直至蛋糕完全冷冻。组装工序结束时，蛋糕应依然呈冷冻状态。脱模后，先将底部喷砂，翻转后在上部喷砂。

香草蛋糕

8～10人份

准备时间：**1小时30分钟**
烘焙时间：**55分钟**

香草慕斯
- 波旁香草荚1根
- 脂肪含量为33%的鲜奶油200克
- 片状吉利丁3克
- 蛋黄3个
- 细砂糖65克
- 打发的鲜奶油200克

浸泡用糖浆
- 香草荚1/2根
- 水100毫升
- 细砂糖25克

萨瓦海绵蛋糕
- 45号面粉55克
- 马铃薯粉25克
- 精制黄油45克
- 酵母2克
- 细砂糖75克
- 大号鸡蛋1个、蛋黄1个

香草慕斯

- 把香草荚从中间竖向劈开，用刀沿内壁刮下香草籽，然后切成小块。将打发的鲜奶油和香草荚、香草籽一起煮沸，关火后，盖上锅盖静置15分钟使其浸味。将吉利丁片浸泡于冷水中。

- 将蛋黄和细砂糖一起搅打至颜色发白。一点一点加入热奶油，同时保持搅打，然后将混合物放入锅中，用小火至中火加热，并用抹刀搅拌。当奶油变稠、变厚时，关火，用料理棒将奶油搅拌均匀。将奶油用筛网过滤，加入沥干水的吉利丁片。静置待其完全冷却，叠入打发的鲜奶油。将慕斯倒入直径为20厘米的圆形模具中，冷藏保存。

浸泡用糖浆

- 把香草荚从中间竖向劈开，用刀沿内壁刮下香草籽。将香草荚、香草籽、水和细砂糖一起放入锅中混合煮沸，盖上锅盖待其浸味。使用时应保持较高温度。

萨瓦海绵蛋糕

- 将烤箱预热至160℃，开启热风模式。将45号面粉和马铃薯粉、酵母一起过筛。将精制黄油化开。用搅拌机将鸡蛋和细砂糖一起打发。加入高温化黄油，用软抹刀叠入过筛后的混合面粉。将面糊倒入垫有烤垫、直径为18厘米的圆形模具圈中。整体放在烤盘中。放入烤箱烘焙8～10分钟（时间因您的烤箱型号而定）。出炉后将蛋糕表面剪切平整，并将高度修整为3厘米，浸泡在糖浆中，放入冰柜进行冷冻以加强硬度。

嵌入焦糖布丁
- 片状吉利丁1克
- 牛奶50毫升
- 液态鲜奶油130克
- 蛋黄2个
- 细砂糖25克
- 波旁香草荚1根

香草淋面
- 片状吉利丁2克
- 原味奶精70克
- 白巧克力100克
- 香草粉适量
- 水50毫升
- 细砂糖100克
- 葡萄糖糖浆100毫升

嵌入焦糖布丁

- 将烤箱预热至90℃，开启热风模式。将吉利丁片在冷水中浸泡10分钟。

- 把香草荚从中间竖向劈开，用刀沿内壁刮下香草籽。将牛奶、液态鲜奶油、香草（香草荚和香草籽）一起煮沸。关火后，盖上锅盖待其浸味10分钟。加入沥干水的吉利丁片。

- 将蛋黄和细砂糖一起搅打至颜色发白。将高温混合液体用筛网过滤，直接倒在打匀的蛋黄上，同时保持轻微搅打。

- 选取直径为18厘米的圆形模具圈，在一面罩上一层保鲜膜，放在烤盘上。将混合物倒入模具中至1厘米的高度。放入烤箱烘焙45分钟。静置待其冷却。

香草淋面

- 将吉利丁片在冷水中浸泡十多分钟。

- 将原味奶精、白巧克力和香草粉放入一个容器中。

- 将水、细砂糖和葡萄糖糖浆一起煮热至103℃，以温度计测量为准。将其倒入容器中的配料上，加入沥干水的吉利丁片。用料理棒进行搅拌，注意不要混入空气。使用时，将淋面酱加热至30～35℃。

组装工序

- 进行倒置组装工序：选取直径为20厘米的圆形模具圈，在一面罩上一层保鲜膜，将有保鲜膜的一面朝下放置。将慕斯填入模具圈。从冰柜中取出蛋糕，将焦糖布丁对照摆放在修整剪切过的一面之上。将蛋糕翻转放入慕斯正中央，将有焦糖布丁的一面朝下。焦糖布丁和蛋糕整体表面应和模具圈边框保持相同高度。用抹刀将整体表面修平，然后放入冰柜中进行冷冻。当蛋糕彻底冷冻好之后，将其脱模，淋上香草淋面酱。

松露巧克力挞

8～10人份

准备时间：**1小时30分钟**
静置时间：**30分钟（面团应在前一天晚上准备）**
烘焙时间：**25分钟**

无谷蛋白巧克力莎布蕾挞皮
- 米粉150克
- 玉米淀粉100克
- 可可粉40克
- 黄油220克
- 糖粉100克
- 盐2克
- 蛋清40克

可可碎仁奶油
- 化黄油60克
- 细砂糖60克
- 常温鸡蛋60克
- 可可碎仁60克

卡仕达奶油酱
- 香草荚1根
- 高温杀菌牛奶300毫升
- 黄油10克
- 细砂糖40克
- 蛋黄50克
- 玉米淀粉20克

可可碎仁法兰奇巴尼奶油
- 卡仕达奶油酱75克
- 可可碎仁奶油225克

无谷蛋白巧克力莎布蕾挞皮

- 前一天晚上，将米粉、玉米淀粉和可可粉一起过筛。用搅拌机将黄油加工成软膏状，加入糖粉和盐。加入蛋清，掺入过筛的面粉。将面团擀成厚度为2毫米的面皮，放在一个烤盘中，冷藏静置。第二天，将烤箱预热至170℃。将面皮切成直径为28厘米的圆形，将它等分成8~10份，但不要裁开。将面皮夹在两片黑色烤垫中间，放入烤箱烘焙12分钟。

可可碎仁奶油

- 将化黄油和细砂糖一起加工，制成奶油。注意，黄油不能呈颗粒状。如果有必要，可以用喷火枪进行加温。加入鸡蛋、可可碎仁。不要使奶油乳化。

卡仕达奶油酱

- 把香草荚从中间竖向劈开，用刀沿内壁刮下香草籽。将牛奶、黄油、10克细砂糖以及香草荚一起煮沸。将蛋黄和剩余的细砂糖一起打发至颜色发白，加入玉米淀粉，加入一部分高温杀菌牛奶一起煮沸。沸腾2分钟后，将奶油酱倒在铺有一层保鲜膜的烤盘上，放入冰柜使其快速冷却。

可可碎仁法兰奇巴尼奶油

- 将卡仕达奶油酱搅拌均匀至光滑，加入可可碎仁奶油。将混合奶油倒入放置于烤盘中的直径为26厘米的圆形模具圈中。放入烤箱以170℃烘焙10分钟。注意，奶油只需轻微着色即可。

巧克力甘纳许

- 可可含量为62%的巧克力180克
- 可可含量为42%的牛奶巧克力65克
- 片状吉利丁2克
- 高温杀菌液态鲜奶油120克
- 牛奶120毫升
- 转化糖20克
- 精制黄油25克
- 蛋黄20克
- 鲜奶油120克

可可香缇奶油

- 高温杀菌液态鲜奶油600克
- 过筛糖粉60克
- 过筛可可粉30克

完成工序

- 糖粉
- 可可粉

巧克力甘纳许

- 将巧克力掰碎，放在一个容器中。将吉利丁片浸泡于冷水中。

- 将高温液态鲜奶油、牛奶、转化糖和精制黄油一起煮沸。关火后，静置待其降温，直至可以加入蛋黄并不会被煮熟。将混合物一起加热至85℃。之后用筛网过滤，直接倒在巧克力上，加入沥干水的吉利丁片，然后用料理棒搅拌混合。静置待其降温，在此期间将鲜奶油打发成香缇奶油。当甘纳许降至40℃或低于40℃时，加软抹刀叠入打发好的奶油。

- 选取直径26厘米、高度2厘米的圆形挞皮模具，将一半的甘纳许倒入模具圈内至边框一半的高度。将鲜奶油对照放在上面，冷藏静置30分钟待其凝固，然后加入剩余的甘纳许。放入冰柜待其硬化，平均切成8～10份，再次放入冰柜冷冻保存。

可可香缇奶油

- 用搅拌机将所有配料打发成香缇奶油，不要过于紧实。用一把小尖刀插在冷冻好的三角形巧克力甘纳许背面，并将巧克力甘纳许浸在香缇奶油中。一次性拿起后，不要碰触上表面，但需要用一把小抹刀将其余的不规则奶油抹平。

完成工序

- 用一把尖刀插在较尖的一端，轻轻向下倾斜。在上表面和底部撒上大量的糖粉。以同样的方式继续撒上可可粉，然后放置在一块三角形的底部挞皮上即可。

勃朗峰塔

在最后的组装工序中，请一定将甜品垂直对齐：蛋白霜应保持在同一条直线上，体积也应该具有较为明显的区别。

10人份

准备时间：1小时30分钟
烘焙时间：2小时30分钟

轻薄萨瓦海绵蛋糕
- 黄油45克
- 细砂糖80克
- 鸡蛋90克
- 45号面粉55克
- 马铃薯粉30克
- 酵母2克

蛋白霜
- 蛋清150克
- 细砂糖225克

卡仕达奶油酱
- 香草荚1根
- 高温杀菌牛奶300毫升
- 黄油10克
- 细砂糖40克
- 蛋黄50克
- 玉米淀粉20克

丝滑奶油
- 片状吉利丁3克
- 液态鲜奶油250克
- 糖粉15克
- 马斯卡彭奶酪25克
- 卡仕达奶油酱70克

轻薄萨瓦海绵蛋糕

- 将烤箱预热至165℃。将黄油化开。用搅拌机将鸡蛋和细砂糖一起打发。当呈慕斯状时，加入高温化黄油。将面粉和马铃薯粉、酵母一起过筛，用软抹刀将其掺入混合蛋液中。在铺有油纸的烤盘上，将面糊摊成厚度为5毫米的面皮。放入烤箱烘焙7分钟，用直径为5厘米的圆形模具圈切出10块圆形蛋糕。

蛋白霜

- 将烤箱预热至110℃。用搅拌机将蛋清和细砂糖一起打发成紧实的蛋白霜。用喷火枪稍加热，装入裱花袋中。在烤垫上挤出直径分别为3.5厘米、4.5厘米、5.5厘米的带尖圆球，每个尺寸各制作10个。放入烤箱烘焙2小时，静置待其冷却。用一个圆形平口裱花嘴将蛋白霜内部掏空，然后三个为一组于干燥处保存。

卡仕达奶油酱

- 把香草荚从中间竖向劈开，用刀沿内壁刮下香草籽。将高温杀菌牛奶、黄油、10克细砂糖以及香草一起煮沸。关火后盖上锅盖。将蛋黄和剩余的细砂糖一起打发至颜色发白，加入玉米淀粉，一边搅拌一边加入一部分热牛奶，将混合物再次煮沸。沸腾2分钟后，将奶油倒在铺有一层保鲜膜的烤盘上，放入冷柜使其快速冷却。

丝滑奶油

- 将吉利丁片在冷水中浸泡10分钟，放入微波炉中融化。先用料理棒将液态鲜奶油、糖粉和马斯卡彭奶酪一起搅拌混合，再放入搅拌机中稍稍打发。将此混合物盛在另一个容器中，清洗搅拌机容器，并将卡仕达奶油酱放入其中搅拌均匀至光滑。加入融化的吉利丁片，充分混合，用打蛋器叠入1/3的混合马斯卡彭奶酪，并再次细致搅拌。软抹刀叠入剩余的混合奶酪。

甜挞皮

- 香草荚1/2根
- 化黄油150克，另备少许用于模具上油
- 糖粉95克
- 杏仁粉30克
- 鸡蛋1个
- 盐之花1克
- 55号面粉250克
- 蛋黄1个

嵌入栗子奶油

- 原味奶精40克
- 栗子奶油225克
- 栗子泥240克
- 棕色朗姆酒5毫升

组装工序

- 朗姆酒适量
- 糖粉适量
- 脂肪含量为40%的风味奶油200克

甜挞皮

- 把香草荚从中间竖向劈开，用刀沿内壁刮下香草籽。在该步骤中，仅使用香草籽。用搅拌机将化黄油、糖粉和杏仁粉混合。加入鸡蛋、盐之花和香草籽。将面粉过筛，掺入混合物中，细致地混合、搅拌成均匀的面团。用保鲜膜将面团包住，放入冰箱静置1小时。

- 将烤箱预热至160℃。用擀面杖将面团擀成厚度为2毫米的面皮，然后用直径为7厘米的小圆挞模具制出10块带边挞皮。放置于烤垫上，放入烤箱烘焙20分钟，出炉后，将蛋黄液涂在挞皮内部，然后重新放入烤箱烘焙1分钟。静置待其冷却。

组装工序

- 将制作嵌入栗子奶油的所有配料混合搅拌。

- 将圆形萨瓦海绵蛋糕的两面分别在朗姆酒中浸泡片刻。将甜挞皮的底部薄薄地涂上一层丝滑奶油。放上蘸过酒的圆形萨瓦海绵蛋糕。再填入少许丝滑奶油，用抹刀修整表面，与挞皮边缘保持在同一水平线上。取出一组三个蛋白霜球，将最大的蛋白霜里面填入嵌入栗子奶油，放在甜挞上并撒上糖粉。将中号蛋白霜里面填入丝滑奶油，最小的蛋白霜里面填入嵌入栗子奶油。将第二个和第三个蛋白霜放在油纸上，撒上糖粉，由大至小依次放置于第一个蛋白霜之上。搭配脂肪含量为40%的风味奶油一起享用。

轻盈柠檬挞

准备时间：1小时
静置时间：1小时
烘焙时间：30分钟

甜挞皮
- 化黄油150克（另备少许用于涂抹模具内侧）
- 糖粉95克
- 杏仁粉30克
- 鸡蛋1个
- 盐之花1克
- 香草荚1/2根（仅取用香草籽）
- 55号面粉250克

柠檬奶油
- 柠檬汁适量
- 柠檬皮碎屑（2个）
- 细砂糖184克
- 鸡蛋170克
- 小方块黄油260克

柠檬杏仁奶油
- 鸡蛋1/2个
- 细砂糖40克
- 杏仁粉40克
- 柠檬奶油90克

柠檬奶冻
- 片状吉利丁2克
- 冷鲜蛋清150克
- 细砂糖110克
- 油少许（用于涂抹模具和烤盘）

甜挞皮

- 用搅拌机将化黄油、糖粉和杏仁粉混合。加入鸡蛋、盐之花和香草籽。将面粉过筛，细致地掺入混合物中，搅拌成均匀的面团。将面团揉成圆球，用保鲜膜将面团包住，放入冰箱静置1小时。

- 将烤箱预热至160℃。用擀面杖将面团擀成厚度为2毫米的面皮，然后用直径为22厘米的圆形挞皮模具制出带边挞皮。放入烤箱烘焙20分钟。出炉后，保持烤箱继续运转。

柠檬奶油

- 将柠檬皮碎屑、柠檬汁和一部分细砂糖放入锅中一起加热。将蛋黄和剩余的细砂糖一起打发至颜色变白，一边搅打，一边加入温热的混有柠檬皮的柠檬汁。将混合物加热，同时保持搅动，如同制作卡仕达奶油酱一样，沸腾3分钟后关火。将奶油用筛网过滤，浇在黄油上，然后用料理棒搅拌均匀。此奶油一部分将用于和杏仁奶油混合，剩余的部分将用于填入挞皮。

柠檬杏仁奶油

- 将鸡蛋和细砂糖一起打发至颜色变白，加入杏仁粉和柠檬奶油。将混合奶油装入裱花袋中，挤在已经制作好的挞皮中。将其重新放入烤箱，以160℃烘焙4分钟。

柠檬奶冻

- 将片状吉利丁在冷水中浸泡片刻，放入微波炉中化开。用搅拌机将蛋清和细砂糖一起轻轻打发，无须打发得过于紧实。将吉利丁片均匀地掺入打发好的蛋白中。将混合物放入套有裱花嘴的裱花袋中。选用10个直径为8厘米、高度为1.5厘米的圆形模具圈，放置于烤盘上。用吸水纸浸上少许油，涂抹在模具和烤盘上。

- 将奶油挤入模具中，充分拍打使其变得紧实，并用弯头抹刀平整表面，使其与模具圈边缘对齐。放入蒸箱中以80℃蒸3分钟。如果您没有蒸箱。可将其放入微波炉中以最高档加热15~20秒。烹饪程序完成后，将圆形模具圈拿掉。静置待其冷却。用三个直径不同的圆形模具圈（2.5厘米、1.5厘米、2厘米）在奶冻表面挖出几个小圆坑。

组装工序

- 将柠檬奶油填入挞皮中直至和挞皮边缘高度相同。在上面抹上一层柠檬杏仁奶油，用抹刀进行平整。将奶冻对照摆放在奶油上。在表面的小洞里填入剩余的柠檬奶油。

覆盆子软心蛋糕

8～10人份

准备时间：**40分钟**
静置时间：**约1小时**
烘焙时间：**6分钟**

轻薄萨瓦海绵蛋糕
- 黄油40克
- 45号面粉45克
- 马铃薯粉20克
- 酵母3克
- 鸡蛋70克
- 细砂糖70克

覆盆子果糊
- 覆盆子果蓉190克
- 细砂糖20克（混合4克黄色果胶）
- 细砂糖200克
- 葡萄糖糖浆50毫升
- 白兰地酒10毫升（混合3克柠檬酸）

轻薄萨瓦海绵蛋糕

- 将烤箱预热至165℃，开启热风模式。将黄油化开并保温。将面粉和马铃薯粉、酵母一起过筛。用搅拌机将鸡蛋和细砂糖一起打发至呈中浅色慕斯状。加入化黄油，然后停止搅拌。用软抹刀将过筛后的混合面粉掺入混合蛋液中。将面糊均匀地铺在直径为23厘米的正方形模具框中。放入烤箱烘焙6分钟。出炉后将蛋糕脱模，然后用一个烤盘盖在上面轻轻按压，使其呈扁平形状。

覆盆子果糊

- 选用直径为23厘米的正方形模具框，抹上少许油，放置于烤垫上。将覆盆子果蓉加热至60℃，以温度计测量为准。加入细砂糖和果胶混合物。一起煮沸，加入200克细砂糖和葡萄糖糖浆。再次加热至108℃，加入白兰地酒。短暂静置等待气泡消失，以备后续倒入正方形模具框中。

组装和完成

- 将覆盆子果糊倒入正方形模具框中，立刻将蛋糕对照摆在上面。轻轻按压，以使两部分相互结合在一起。将巧克力隔水加热至50℃，以温度计测量为准。将盛有巧克力的容器从热水中拿出，底部浸泡在冷水中，使巧克力迅速降温至27℃，但不要低于此温度。重新把容器放入热水中加热，最高至32℃，以加强巧克力的可流动性。保持该温度不要再上升。将挞脱模后，用刷子在蛋糕背部涂抹上热巧克力。将挞切成长11厘米、宽6厘米的长方形，浸泡在热巧克力中。放在烤架上静置以待巧克力凝固。

我的甜蜜时刻

这款蛋糕，酥软无比，让我难以割舍。这是一个做法非常简单但却如此美味的甜点。我们可以**在任何时候品尝**它：无论是早餐、晚餐或是加餐，既可以单独享用，也能够搭配英式奶油酱。它可以出现在所有场合：无论是在下午茶精制时髦的陶瓷餐盘中，还是和三两好友挤在厨房餐桌的一角，或是和家人一起郊游的方格子野餐布上……**这是可以分享的最好的蛋糕，更是可以陪您旅行的蛋糕。**它躺在行李箱里随着您漂洋过海，它是我们携带于身的亲密玩偶，是我们确定**能够让所有人都欣喜**的小心意。当然，我希望您也不例外。

家常大理石巧克力蛋糕

这份食谱是为了制作两份蛋糕而设计的，为了确保质量和口感，我建议您按照配料比例制作。

8～10人份

准备时间：**30分钟**
烘焙时间：**1小时25分钟**

香草蛋糕体
- 55号面粉110克
- 酵母3克
- 软膏状精制黄油60克
  （另备少许用于涂抹于模具内部，以及50克用于蛋糕烘焙）
- 细砂糖150克
- 香草粉2克
- 盐之花2克
- 鸡蛋1个
- 液态鲜奶油100克

可可蛋糕体
- 55号面粉100克
- 酵母3克
- 软膏状精制黄油60克
- 细砂糖150克
- 鸡蛋1个
- 可可粉20克
- 细盐2克
- 液态鲜奶油100克

浸泡用糖浆
- 水250毫升
- 细砂糖50克
- 棕色朗姆酒15毫升

巧克力淋面
- 棕色镜面果胶750克
- 可可含量为70%的黑巧克力250克
- 葡萄籽油125毫升

香草蛋糕体

- 在两个长度为24～26厘米的蛋糕模具内部抹少许软膏状精制黄油。将烤箱预热至145℃。将55号面粉和酵母一起过筛。用搅拌机将软膏状精制黄油、细砂糖、香草粉和盐之花一起搅拌混合。保持机器运转的同时，掺入鸡蛋。停止搅拌机，用刮板或软抹刀将容器内壁的混合物向中间刮，聚拢在一起。再次运转机器，掺入过筛的面粉和酵母，最后加入液态鲜奶油。注意需将混合物搅拌至丝滑、均匀的状态；不要使发动机运转时间过长。将面糊装在裱花袋中冷藏保存。立刻进行下一步可可蛋糕体的制作。

可可蛋糕体

- 将55号面粉和酵母一起过筛。用搅拌机将软膏状精制黄油、细砂糖、可可粉和细盐一起搅拌混合。保持机器运转的同时，掺入鸡蛋。停止搅拌机，用刮板或软抹刀将容器内壁的混合物向中间刮，聚拢在一起。再次运转机器，掺入过筛的面粉和酵母，加入可可粉，最后加入液态鲜奶油。注意需将混合物搅拌至丝滑、均匀的状态；不要使发动机运转时间过长。将面糊装在裱花袋中冷藏保存。在另一裱花袋中装入50克软膏状精制化黄油，用于两种蛋糕的烘焙。

烘焙和淋面

- 在模具中用两个裱花袋轮流挤出面糊，以呈现大理石花纹效果。当模具填满时，用装有黄油的裱花袋，在每块蛋糕顶部中间顺着长边方向挤上1条黄油长线。放入烤箱烘焙1小时30分钟，在此期间请将制作浸泡用糖浆所需的细砂糖和水一起煮沸。关火后加入朗姆酒。出炉后将蛋糕脱模，放置于烤架上，刷上温热的浸泡糖浆。静置待蛋糕冷却，放入冰柜中进行冷冻。

- 将淋面所需全部配料隔水加热至45℃。用料理棒进行搅拌混合，用筛网过滤后。将淋面酱淋在仍然冷冻的蛋糕上。静置待蛋糕回温即可。

眼眸闪光，唇齿生香，
再度期许，物我两忘。

致谢

位于首都市中心旺多姆广场的巴黎丽兹酒店，魅力无与伦比，它是世界上最具传奇色彩的酒店之一。

感谢这家享有盛誉的酒店以及我的同仁们，你们每一天都在升华着我们的工作。没有你们，我们的甜品肯定不会有如此的风味。

感谢我出色的团队，你们在本书的制作过程中给予了我极大的支持，这里面有：与我并肩工作多年的西尔维亚·维格努（Sylvia Vigneux）、艾德琳·罗宾诺（Adeline Robinault）、克莱门特·塔利（Clément Tully）、朱利安·卢贝（Julien Loubere）、斯特凡·奥利维尔（Stéphane Olivier）……

感谢克里斯托夫·墨西拿（Christophe Messina）、马修·卡林（Mathieu Carlin）、朱利安·默瑟隆（Julien Merceron）以及诸多好朋友，你们的宝贵建议使我得以不断前行与进步。

衷心感谢。

感谢巴黎丽兹酒店总经理部。

感谢这本书的出版单位马丁尼埃（de la Martinière）出版社。

感谢贝尔纳·温克尔曼（Bernhard Winkelmann），他的照片将我的甜点的所有美味展现得淋漓尽致。

感谢食谱编辑索菲·普雷索（So phie Brissaud）。

感谢玛丽–凯瑟琳·德·拉·罗施（Marie Catherine de la Roche）与她妙笔生花的文采。

感谢米歇尔·特鲁瓦格洛（Michel Troisgros）为本书作序。

感谢尼古拉·萨勒（Nicolas Sale），我们在酒店的日常合作默契无间。

感谢所有我有幸跟随过的甜点与烹饪主厨们，你们给予了我学习和成长的机会。

感谢我们的供应商，他们总是为我们着想，对于我们的严格要求倾尽心力。

当然，感谢我的家人尤其是我的父母。

感谢我的伴侣奥雷莉（Aurélie），还有我的两个孩子克莱奥（Cléo）和汤姆（Tom），他们比以往任何时候都更加支持我的甜品师人生。

当然，感谢所有如您一样喜爱美食的人们。没有你们，我的工作将不再重要。为了你们，也仅仅因为你们，我才满怀热忱地从事着这份事业。

期待与您在巴黎丽兹酒店再见！

弗朗索瓦·佩雷（Francois Perret）

译者简介：张弦弛，译者、策展人。巴黎第五大学语言学学士、巴黎第三大学法语及外语教学硕士。旅居巴黎十二年，长期从事中外文化艺术交流工作。著有《跟明明学法语》、《浩渺行无极，春风归故里》（译著）等。

图书在版编目（CIP）数据

巴黎丽兹酒店首席糕点师经典配方 /（法）弗朗索瓦·佩雷著；（法）贝尔纳·温克尔曼摄影；张弦弛译. —北京：中国轻工业出版社，2021.7

ISBN 978-7-5184-3493-0

Ⅰ.①巴… Ⅱ.①弗…②贝…③张… Ⅲ.①糕点 - 制作 - 图解 Ⅳ.①TS213.2-64

中国版本图书馆CIP数据核字（2021）第082537号

责任编辑：卢　晶　　责任终审：劳国强　　整体设计：锋尚设计
责任校对：朱燕春　　责任监印：张京华

出版发行：中国轻工业出版社（北京东长安街6号，邮编：100740）

印　　刷：北京博海升彩色印刷有限公司

经　　销：各地新华书店

版　　次：2021年7月第1版第1次印刷

开　　本：787×1092　1/16　印张：12.5

字　　数：250千字

书　　号：ISBN 978-7-5184-3493-0　定价：128.00元

邮购电话：010-65241695

发行电话：010-85119835　传真：85113293

网　　址：http://www.chlip.com.cn

Email：club@chlip.com.cn

如发现图书残缺请与我社邮购联系调换

191157S1X101ZYW